U0049978

機率的樂趣

The Pleasures of Probability

Richard Isaac 著

陳尚婷、陳尚瑜 譯

張日輝 校閱

Richard Isaac

The Pleasures
of Probability

目　次

前言

　　機率無所不在，樂透、賭場、看似主導著民生政策的沒完沒了的民意調查——這只是機率原理影響一般大眾生活與命運的少數領域。廣義地來看，這是一門運用機率與統計學以及隨機處理理論等技術，為現實世界建立數學敘述的現代科學。事實上，擁抱量子力學的二十世紀科學便以機率為核心觀點，相較於傳統科學的決定論本質。這些證據告訴我們機率學有多重要，不過機率學也可以帶來許多樂趣。機率學讓你可以開始思考充滿樂趣、驚奇的困難問題，更美妙的是，就算數學背景不強也無所謂ㄟ！

　　在本書中，我想讓具有一些基本代數概念的讀者瞭解機率的世界、機率的思考方式，以及機率適用的問題。我使用來自各個領域的例子，開啓對此概念的討論。每一章都包含了許多問題與應用，其中許多和賭博與機率遊戲相關，這是思考機率學的重要且生活化的來源。我將使用基本的代數來解釋問題，讓初學者也可以直覺地了解內涵的概念。機率的偉大之處便是有許多基本的概念，就算非專業人士也能心領神會－當你以正確的方法來研究時尤其如此，通常是在賭博或打賭的情境之下。我將特別解釋機率學中兩個最深奧、同時將在本書穿插出現的主題之基本概念與重要性：大數法則與中央極限定理。

　　個人認為本書適用於數種讀者。具有基本代數觀念、充滿興趣與不屈不撓精神的一般讀者，可以鑽研書中的問題、學會一些理論。如果這些讀者可以利用這些能力評估在賭場或買樂透賺大錢的機率，那我真是大大成功了。另一方面，想要充分理解機率學概論的學生、科學家與數學家，也會發現本書相當實用與有趣──希望如此。本書也可以作為機率學初級教科書或是補充教材。不過以傳統的觀點來看，本書實在不太像教科書。我的書有著許多不嚴謹、直覺式的論點；將個人認為重要、美妙的主題，以隨性的方式穿插說明，或許較適合這本散文式的書籍，而非一般教科書嚴謹、具體的架構。儘管如此，本書討論的主題仍涵蓋了機率學的標準基礎介紹。不過我並不想給你一份「學習表」，我的目標是更遊戲化的：我衷心的希望，你可以「進入真實世界，看看機率學的誘人之處」。

　　為了充分享受本書的樂趣，讀者必須具備基本的代數能力。此外，還必須願意努力思考本書內容、拿出紙筆好好驗證一番。如果你懶得動筆，只想被動地學習不願思考，那也無妨，因為說實話，一般大眾不都如此嗎？或許再看一次會讓你變的積極些。雖然本書從頭到尾都不斷使用基本代數（有些地方會稍稍使用微積分，不過都會加上解釋），不過較具數學與科學背景的讀者應該可以領悟更多。舉例來說，相當熟悉程式語言的讀者就可以使用第十四章的模擬演算，利用電腦檢驗機率學的概念。

　　本書受益於相當多的機率學書籍與論文。書中討論的許多例子堪稱機率學的經典問題，在很多相關書籍都看的到，不過有時

我會花較多的功夫分析這些問題。每章末都有一些練習讓讀者可以自己做做看；有些很簡單、有些則較具深度。本書最後有所有練習的解答。

感謝 Morton D. Davis 與 Paul R. Meyer 協助潤稿並提供許多珍貴的建議與修正。他們讓我更能闡明模糊的敘述、更仔細地思考書中的論點與內容。當然，本書若有任何含糊不清之處都是敝人在下的責任。感謝 Shaul Foguel 提供有建設性的評論。感謝 Richard Mosak 與 Melvin Fitting 教會我使用 LATEX 文件編輯系統。感謝 Melvin Fitting 提供相當多關於舉例說明的資訊。Esther Phillips 和我一起腦力激盪想出許多例子。在此謹致上個人衷心的感激。我也要謝謝 Springer-Verlag 出版社的協助，特別是我的總編，Ina Lindemann。最後，我要感謝給予我無比鼓勵與支持的妻子，Anna。

📖 第1章

汽車、山羊與樣本空間

你看，高貴的王子，那裡有一堆首飾盒：

如果你選中了我在裡面的那個盒子，

很快的，我們的結婚典禮會莊嚴且隆重：

但是，如果你選錯了，我的主人，不用說，

你必然會立刻消失無蹤。

莎士比亞, *Portia* in *The Merchant of Venice*

1.1 真傷腦筋

現在是個關鍵時刻。大會主持人讓你面對著三扇關著的門，其中一個背後是你的夢中美車，又拉風、又閃亮，又令人渴望。然而，另兩扇門之後卻不是如此出色、而且帶點異味的山羊。你可以選擇一扇門並且贏得門後的獎品，不論它是什麼。你選了一扇門並且宣布決定，此時主持人打開了另兩扇門中的一個，裏面是隻山羊，接著他問你要不要把決定換成一開始未選擇的那一扇

門。這項選擇對你而言是否有利（當然，假設你期待的是汽車而不是山羊）？

　　這個受歡迎的問題在 1991 年刊登在報紙上後，引起一陣騷動，收到來自讀者的許多錯誤答案，其中甚至有些還是數學家呢。我們該如何思考此類問題，而它為何如此困難呢？（最常見的錯誤答案是認為這項轉換是不相關的，因為這兩扇未開啓的門之後藏有汽車的機率是一樣的）。我的目的是利用這個問題讓你了解數學的一個別派，稱為機率學。當你看完本章後，應該能夠以合理的方式，思考汽車—山羊的問題以及許多其他的機率問題。現在讓我們開始機率的理論、重要性與歷史的簡要描述。

_1.2_　**簡要歷史與哲學觀點**

　　機率可說是不確定性的數學理論。其起源無疑的相當久遠，因為遠古的穴居人便使用機率的原始概念，觀看天象以找出關於氣候的一些線索。事實上，我們可以說每個人每天都使用機率來評估風險，根據過去的經驗做大概的估計（早晨的烏雲代表今天可能會下雨，因為以前當雲的外觀如此時便下雨了，千萬別忘了帶傘）。不過，原始或直覺的機率，與發展健全的數學規則是非常不同的。機率成為正式的理論，嚴格地說起來始於 17 世紀，由兩位法國數學家——Blaise Pascal 與 Pierre Fermat——之間著名的通信開始的。巴黎的賭場為這個新科學開啓了生命。以某種觀點來看，賭場幾乎可說是機率的完美實驗室；認真的賭徒必須對

風險有充分的認識才能理性的下注。沒多久，這名賭徒不是變成數學家，就是必須向數學家求援。

此理論由這些有點瑣碎的開端，發展至目前的地位，被應用到所有派別的科學、科技，甚至是不確定性的城堡——股票市場。此外，二十世紀為機率的觀念，在現代物理的架構中提供了一個新的、而且相當驚人的明星角色。在十八世紀的物理學，那是牛頓的時代，你只有在備齊所有必需資料後，才能使用物理的等式，精確地預測分子的成分與速度。物理學家將機率視為有用的工具，主要是因為獲得問題的所有資料通常過於困難。因此以某種觀點來看，機率這種較不嚴謹的規則是被容許的；只有當我們的無知完全消除後才不需要機率，此時根本不會有不確定性的存在。例如，如果我們知道硬幣如何拋擲、加速度、角度與相關力量，原則上就可以預測出現的是正面或反面。這個情況直到新的物理學出現後才根本地改變，Werner Heisenberg 提出「不確定性原理」，對於相當小的分子，我們根本不可能精確知道其成分與速度；你對成分的瞭解越清楚，對速度的概念就越模糊，反之亦然，而且根本沒有辦法解決這個問題。這個想法推翻了物理學的基礎。現在，Hsisenberg 宣稱基本上根本無法作出精確的預測，不論收集了多少的資料，最多只能做出機率敘述。這讓愛因斯坦非常困擾，他以一句著名的言論「上帝不玩骰子」，否定了 Heisenberg 的理論。然而，現代的物理學家相信 Heisenberg 是正確的。

1.3 讓骰子轉動吧！樣本空間

　　讓我們開始轉動骰子、擲幣以及其他諸如此類，因為這正是機率的核心所在。機率評估的是不確定性，所以我們必須測量某個東西，機率學家喜歡稱這些目標為事件（*event*），這是對於已發生事情的合理名稱。現在假設我們感興趣的是一次拋擲兩顆骰子時結果如何。再假設一顆骰子是紅的、另一顆是綠的。當紅色骰子掉落時，有六種情形，綠色骰子也一樣。各種可能的出象可以用（*a*，*b*）的排列組合來表示，其中 *a* 是由 1 到 6 的數字之一，代表紅色骰子的出象，而 *b* 也是由 1 到 6 的數字之一，代表綠色骰子的出象。那麼，當你一次擲兩顆骰子時，實際上到底發生了什麼？當 *a* 與 *b* 介於 1 至 6 之間時，有 36 組（*a*，*b*）的排列組合（當 *a*=1 時，*b* 有六種可能性，當 *a*=2 時，*b* 又有六種可能性，以此類推）。擲骰子的結果為何，可由這 36 個排列組合中的一個精確地描述。我們稱這 36 個可能的排列組合中的任一個為出象（*outcome*）。出象是最簡單的一種事件。較為複雜的事件包含了許多的出象。例如，由「擲出一個七點」所定義的事件包含了六種出象，可以被描述成事件

　A= {（1,6），（2,5），（3,4），（4,3），（5,2），（6,1）}

　　大括弧內的項目一起形成稱為 *A* 的事件。我們可以說一次擲兩顆骰子的「實驗」（*experiment*）產生了樣本空間 *S*（*sample space*），也就是 36 個可能出象的組合，而任何事件就是這 36

個基本出象的某種集合。例如，事件

$$B= \{ (1,1), (1,2), (1,3) \}$$

可以被描述成「紅色骰子擲出 1，而綠色骰子點數介於 1 至 3 之間」。圖 1.1 以圖來表現樣本空間 S 與事件 B，其中出象以點來代表。這種圖稱為 *Venn diagram*。

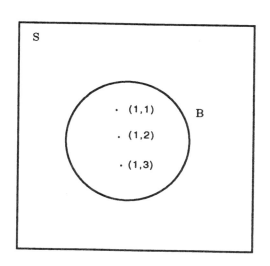

圖 1.1　樣本空間 S 與事件 B 之 Venn diagram

如上所見，事件只是機率學家在討論到集合——亦即目標的收集，在機率的背景中就是對來自隨機實驗（隨機一詞指的是你無法事先預測出象）的出象之收集——時使用的文字。另一個例

子是擲一枚硬幣兩次的實驗,產生一個內含四個出象的樣本空間 S,若我們使用 H 與 T 分別代表正面與反面,那麼 S 可以寫成

$$S = \{ (H, H), (H, T), (T, H), (T, T) \}$$

排列組合中的第一項代表著第一次擲幣的出象,第二項代表第二次擲幣。例如,事件 C「至少有一次正面朝上」,可以寫成

$$C = \{ (H, H), (H, T), (T, H) \}$$

關於樣本空間,有許多重點我們應謹記在心。首先,我們使用「實驗」一詞來描述產生樣本空間的動作。實驗通常是可以重複的,因為我們想要計算機率的事件,絕大部分來自於可重複的情況,例如丟骰子或擲幣。假想現在身處法庭中,我們不會將如「被告有罪」,視為需要決定機率的事件(至少目前不會),因為這不是來自如丟骰子或擲幣的可重複實驗之事件。

另一點是樣本空間提供了真實情況的一個所謂的數學模式(*mathematical model*),被假想成一種抽象概念。建立此種抽象概念的原因是數學分析只能在樣本空間的理想結構上執行,而非真實情況本身。一旦有了這種模式,就可以推論出一些關於理想結構、抽象概念的良好數學關係。因為抽象概念與現實世界類似,你可能覺得自己發現的數學關係表達了某部分的真實生活。現在就可以進行科學實驗以檢驗現實世界的情況。如果你聰明又幸運,數學模式可以幫助你解讀現實世界;這是因為實驗的出象與你從模式中獲得的數學關係一致。但是你的模式也可能會過於簡單或是出錯,因此無法提供現實世界的正確形象,如此一來,

在模式中建立的數學關係無法由實驗室中的實驗予以驗證。那麼就回到了原點，要找出更爲精確的模式。

　　因爲樣本空間被建構成模擬眞實情況，因此它只是一個概念、觀察者的憑空想像，視觀察者認爲何者較爲重要而定。例如，假設每當你擲骰子時，你的狗都會跳到桌子上，把紅色骰子咬到沙發底下。如果你願意的話，你可以將樣本空間想像成包含了 S 中的 36 個出象，而另六個出象可以（D,1），（D,2），（D,3），（D,4），（D,5），（D,6）來表示。例如，（D,5）代表著狗狗把紅色骰子咬跑了，所以沒有出現任何數字但綠色骰子上出現了 5。同樣的，如果狗狗有時咬走綠色骰子，有時咬走兩顆骰子，我們又想將這種情況納入，可以增加點予以代表（點這個幾何文字是對出象的方便用字，這是起源於把樣本空間繪成圖的方法，如圖 1.1，所有可能出象都是圖中散佈的點）。代表拋擲一對骰子時發生情況的樣本空間不只一個，它可能比原先 S 所代表得更加複雜。全視問題爲何以及個人主觀認定相關的資訊而定。

1.4　**離散樣本空間、機率分配與空間**

　　到目前爲止，如你所看到的，我們在數學結構、樣本空間中，還沒有任何機率的概念。我們擁有的只是透過執行一些可重複的實際或內心的實驗，產生的所有可能出象的列表。現在讓我們思考這些出象，以形成可以評估的不確定性。或者我應該說，讓我們將目光放在所謂的離散樣本空間上吧！此種樣本空間的出象

可使用正整數計算。包括了如上述出象數量有限的樣本空間，也包括一些出象數量無限的樣本空間。

以下是一個對我們相當有幫助的無限離散樣本空間：想像現在手中有一枚硬幣，你不斷地拋擲硬幣直到出現正面爲止。對於此問題，首先必須假設你永遠都不會死，即使 100 萬年後硬幣仍未出現正面，你還是會再拋一次。此實驗的樣本空間可表示爲：

$$S = \{ (H) , (T,H) , (T,T,H) , (T,T,T,H) \cdots \}$$

此處第一項的（H），代表了拋擲第一次就得到正面，第二項的（T，H）代表了第一擲得到反面，第二擲得到正面。大括弧中的點點（…）代表著這個過程一直持續下去直到正面出現。如果 n 爲任一正整數，S 樣本空間便會有包含了（n-1）個反面與一個正面表示的第 n 項，代表到了第 n 次才出現正面。因爲 n 無最大值，n 可以是各個正整數。又因爲 S 的要素是一個接著一個的正整數，也就是說，你可以從 1、2、3、4 一直地數下去，因此 S 是離散樣本空間。

什麼樣的樣本空間不是離散的呢？想想一個以不限制位數的小數點數字表示的 W 集合，如 $0.a_1a_2a_3\cdots$，其中 $a_1a_2a_3$ 等均爲 0 到 9 的數字。我們可以想像 W 代表 0 到 1 之間的所有數字。若實驗爲自 0 至 1 的區間中選擇一數目，W 可視爲其樣本空間。樣本空間 W 對於許多問題相當有用，不過我們稍後才會回到這個主題。

現在終於輪到機率登場了。首先是離散樣本空間，如 S，擲

兩顆骰子所得的 36 個出象之列表。在此樣本空間中的每個出象都與 0 到 1 之間的某個數字相關，這些數字的總和爲 1。與特定出象相關的數字稱爲該出象的機率，整體情況則稱爲 S 的機率分配或機率評估。現在我們可以定義任何事件 A 的機率。如果 A 是不含任何出象的事件（我們稱爲空集合），那麼機率便爲 0；否則便爲內含所有出象的機率加總。因此，若知道 S 的機率分配，就可以計算 S 中所有事件的機率。

　　上段說明了如何建立離散樣本空間的機率分配；可用方法很多——如分派數字給各個出象，使得所有出象的數字總和爲 1。不過卻沒有回答如何爲特定問題尋找有用之機率分配的問題。機率分配的用處並非數學問題；而是由你希望樣本空間如何成爲現實之模型所決定。不同的應用有不同的分配。

　　以下是使用由 36 組數字（a，b）所組成之樣本空間 S 的重要例子，其中 a 與 b 是介於 1 到 6 的數字。如果 S 是擲兩顆骰子的樣本空間，自然而然地我們會把 1 / 36 這個數字分配給 36 個出象的每一個，這也就是均等分配（*uniform* or *equally likely distribution*）。對應到現實情況中，代表每一種出象出現的機率都相同。骰子通常適用於均等分配；骰子的外觀與設計便隱含著任一出象都有相同的不確定性。既然不確定性總和必爲 1，那麼各出象的不確定性便爲 1 / 36。若有 n 個出象，若爲均等分配那麼各出象的機率爲 1 / n。現在讓我們計算第 1.3 節中定義的事件 A「擲出七點」的機率，P（A）（我們使用 P（X）代表 X 事件的機率）。A 包括了六個出象，而這六個出象的機率加總爲 6 /

36＝1／6。同理可證第 1.3 節中 B 事件的機率爲 3／36＝1／12，S 樣本空間中任何事件的機率，都可以利用加總構成此事件之出象的機率得出。

結論：樣本空間就是在類似情況下（如擲骰子或拋擲硬幣），可重複的現實或心理實驗之數學模式。如果樣本空間爲離散，可將介於 0 到 1、稱爲出象機率的數字，分配給各個出象以定義機率分配。所有出象的機率加總必爲 1。事件的機率則爲構成該事件的所有出象之機率加總。事件就是樣本空間中的集合——事件與集合兩名詞可交換著使用。樣本空間與其機率分配有時稱爲機率空間（*probability space*）。零事件、空集合的機率爲 0；而樣本空間，有時稱爲確定事件，機率爲 1。因此任何事件的機率便是透過機率分配表示的權重——機率低的事件較「輕」，機率高的事件較「重」。事件越重要，機率越高，不確定性也越低。

例如，令 x 爲介於 2 與 12 之間的數字（若爲 2 點，就是賭博遊戲中的蛇眼），假設玩家只有你我二人，若擲兩顆骰子的結果爲 x，我給你一塊錢，否則你要給我一塊錢。如果你可以選擇 x 的值，你一定會選擇 x＝7，因爲 P（x＝7）＝1／6，其他數字的機率都低於 1／6。在本遊戲中，選擇 x＝7 的這個決定，亦即你對於較高機率之事件的不確定性低於較低機率之事件的看法，並不是來自上述機率空間的討論。上述討論只告訴我們如何計算機率，卻沒有告訴我們如何解釋機率的意義。當我們介紹大數法則後，你就會瞭解事件的機率和其發生的次數有顯著的關係——若均等分配模式成立，在擲骰子很多次的情況中，7 出現

的次數大約佔總次數的 1 ／ 6，蛇眼（2 點）出現的機率只有 1 ／ 36。大數法則將證明我們對機率與相對次數的直覺是對的。不過在那之前，我們只能仰賴直覺，猜測機率較高的事件似乎是比較好的下注對象。

1.5　解答汽車—山羊的問題

現在我們準備好解開汽車—山羊的問題了。第一步必須建立此實驗的樣本空間。不過首先我們要先知道實驗爲何。這意味著我們必須將語意不清、有點模糊的問題敘述，轉變成明確的數學描述。現在假設你已經決定要改變選擇，讓我們看看會發生什麼。情況可以分析如下。遊戲包含了三個動作：（a）首先你對三扇門做出選擇，（b）大會主持人打開其他兩扇門之一，發現門後是山羊，（c）你改變選擇。現在假設後面有汽車的那一扇門標爲 1，有山羊的則標爲 2 與 3。我們利用（u，v，w，x）來表示此出象，其中 u 是你一開始選擇的門，v 是主持人打開的門，w 是你改變後選擇的門，而 x 則代表是你贏或輸的出象，W 或 L。例如，（1，2，3，L）代表了「你選擇 1 號門（汽車就在後面），大會主持人打開了 2 號門，因爲你改變選擇變成了 3 號門，所以你失去了汽車。」樣本空間 S 可以寫成：

S＝ {（1，2，3，L），（1，3，2，L），（2，3，1，W），（3，2，1，W）}

如果一開始你選擇 2 或 3 號門，遊戲的規則可以讓你成功贏

得汽車；可由 S 樣本中的第三與第四個出象看出。如果你一開始
選擇了 1 號門就鐵定會輸，不過還是有兩種輸法，視主持人先開
哪一扇門而定；可由 S 樣本的第一與第二個出象看出。（上述樣
本中使用 L 與 W 只是為了方便。可以讓我們更輕易地瞭解哪些
出象成功，哪些失敗。也可以略去 L 與 W，只以三個數字表示。）。
現在，除非你完全同意上述 S 樣本中四個出象是遊戲的唯一可能
出象，否則決不要繼續往下看。

　　現在我們有了機率空間，但如何產生合理的機率分配呢？既
然現在是為現實生活情況做出數學模式，所以理應回到現實情
況，問問此處需要怎樣的假設。如果現在需要從三扇門中選擇一
個，你的決策基礎是什麼？假設你對這三扇門無特殊偏好（不會
聽到山羊的踩腳聲或是羊騷味），這代表著你只能隨機猜測。在
機率問題中，「隨機」意味著選擇任一出象的機會相同；亦即均
等分配。在本例中，如果有一顆骰子，共有三面，每一面的數字
分別為 1、2、3，你可以擲骰子根據出現的數字選擇哪一扇門。
假設你最先的選擇是根據均等分配；每一扇門被選擇的機會為
1／3。現在回到 S 樣本。假如你最初想要選擇 2 號門，機率為
1／3。在 S 樣本中，選擇 2 號門的唯一出象就是（2，3，1，W）。
因此，此出象的機率為 1／3。同樣的，選擇 3 號門的機率為 1／
3，而 S 樣本中選擇 3 號門的唯一出象是（3，2，1，W），機率
為 1／3。但在 S 樣本中若選擇 1 號門就輸了，有可能兩種方式失
去汽車。此事件為：

最初選擇 1 號門＝｛（1，2，3，L），（1，3，2，L）｝，

　無須進一步地決定（1，2，3，L）、（1，3，2，L）兩出象個別的機率，便可知此機率為 1／3。對於我們的問題而言，以上兩出象個別的機率是無關的，令 P（1，2，3，L）＝a，P（1，3，2，L）＝b，$a＋b$＝1／3，所以 a 與 b 各為何根本不重要。我們感興趣的事件是：

贏得汽車＝｛（2，3，1，W），（3，2，1，W）｝。

由上推論：

$$P（贏得汽車）＝1／3＋1／3＝2／3。$$

此外，

$$P（失去汽車）＝P（最初選擇一號門）＝1／3。$$

　這就回答了問題——根據我們對遊戲的假設，改變選擇讓你有 2／3 的機會贏得汽車，有 1／3 的機會失去汽車。

　現在，如果你不改變的話情況為何？為了計算此機率，我們再重新根據不改變的基礎建立一個新的樣本空間，重複上述的步驟。樣本空間 S 為：

$$S＝｛（1，2，1，W），（1，3，1，W），（2，3，2，L），（3，2，3，L）｝$$

　因為你不會改變選擇，所以每個小括弧內的第三項都與第一項相同。現在重複上述的步驟，假設你最初的選擇同樣為均等分配，因此：

P（失去汽車）＝ P（2，3，2，L）＋ P（3，2，3，L）=2／3

　　因此 P（贏得汽車）必爲 1／3。我們的結論是：改變選擇讓你有 2／3 的機會贏得汽車，不改變則有 1／3 的機會贏得汽車。所以你如果改變選擇，贏得汽車的機會加倍。

　　注意，我們必須把原先有點鬆散的語言描述，轉換成數學說明（例如，你最初對每一扇門的選擇機率相同）。這是許多機率問題的典型——其說明方式通常非常模糊，造成不只一項的可能解釋，因而產生數個可能的數學模式。在第三章我們將看到汽車與山羊問題的另一種版本。

✍ 練習

1. 擲一顆骰子一次，然後拋擲一枚硬幣兩次。（a）描述包含此實驗所有出象的樣本空間 S，（b）假設（a）中所有出象的機率均相同，找出下列事件的機率：骰子擲出六點，拋擲硬幣兩次至少有一次為正面；骰子擲出奇數，第二次拋擲硬幣正面向上；至少有一次正面向上，且骰子擲出數字小於 5。

2. 思考汽車—山羊問題的變化。此時有四扇門、三隻羊與一輛汽車。你可以隨機選擇一扇門，之後主持人再隨機選出一扇藏有山羊的門。假設你隨機改變成其餘兩門中的一扇。贏得汽車的機率為何？如果不改變，贏得汽車的機率為何？

3. 假設我的鬧鐘在早上六點至七點之間會響。描述一樣本空間，其出象為鬧鐘響的時間。此樣本空間為連續或離散？

4. 假設練習 3 中的鬧鐘只在五分鐘的時間間隔作響：如 6：00AM、6：05AM、6：10AM 等等。現在描述一樣本空間，其出象為鬧鐘作響的時間。解釋為何此樣本為離散。

5. 假設練習 4 中的離散樣本空間為均等分配，如果我在 6：18 至 6：43 之間還睡著的話，一定做著相同的夢。假設我在這段期間會睡著，除非鬧鐘把我叫醒。找出鬧鐘擾我清夢的機率。

📖 第 2 章

如何計算：生日與樂透

相信我，不去等天上掉下禮物的人會征服命運。

Matthew Arnold, Resignation

2.1　算算自己的生日

　　有個關於生日的著名問題，顯示某些問題的答案如何否決我們的直覺反應。這個問題是：假設你現在身處於一個擁擠的舞會中。你覺得應該要有多少人參加舞會，才能使至少兩人生日相同的機率約為 1 / 2 ？生日相同意味著同月同日，但不一定同年。例如，假設舞會中有 30 個人，其中有個人走到你面前，告訴你這 30 人中至少有兩人的生日是同一天。你知道這個人才剛加入這個團體，所以他沒有內部消息。他跟你打賭 ＄ 10。該接受嗎？如果你接受賭注，那麼除非舞會中所有人的生日都不同，否則你就輸了。既然一年有 365 天，舞會中只有 30 個人，每個人的生日重複機會似乎不高，這 ＄ 10 的賭注相當吸引人。

現在讓我們稍稍離題一下，討論一些關於事件（*event*）的用語。事件就是集合，數學家在討論集合與利用舊集合建立新集合時有標準化的方法。假設樣本空間 S 中有兩個事件，A 與 B。A 包括一些出象，B 包括其他的出象。現在我們想要一個以 A 與 B 定義的新集合（事件），也就是 S 中既是 A，又是 B 的所有出象之集合。此集合可以 $A \cup B$ 表示，稱為 A 與 B 的聯集（*union*）。聯集中的出象可以在 A 也可以在 B。例如，以拋擲硬幣兩次所得的可能出象做為樣本空間 S，A、B 的定義如下：

$A=$｛第一次擲出正面｝，$B=$｛第二次擲出正面｝，

我們可以寫出集合的所有出象：

$S=$ ｛（H，H），（H，T），（T，H），（T，T）｝

$A=$ ｛（H，H），（H，T）｝

$B=$ ｛（H，H），（T，H）｝

$A \cup B=$ ｛（H，H），（H，T），（T，H）｝

在本例中，（H，H）的出象同時是 A 與 B 的要素。利用相同的方法，令 $A \cap B$ 包含 A 與 B 共同要素的集合。在上例中，$A \cap B=$｛（H，H）｝。此集合稱為 A 與 B 的交集（*intersection*）。還有第三個使用單一集合而非兩個集合的重要運用方法。令 A^c 為樣本空間 S 中不屬於 A 的所有出象之集合，稱為 A 集合的餘事件（*complement*）。在上例中，$A^c =$ ｛（T，H），（T，T）｝。$\mathrm{P}(A) + \mathrm{P}(A^c) = 1$ 永遠成立。

　　聯集和交集的觀念可以擴充至兩集合以上：若有數個集合，其聯集便是所有集合包含的所有出象，其交集為所有集合共有的出象。

　　還有一個重要的方法可以顯示兩集合如何相關，$A \subset B$。稱為「A 包含於 B」，意味著 A 中所有的出象都是 B 的出象。例如，$A \cap B \subset A$ 與 $A \cap B \subset B$ 的關係永遠成立。只要 $A \subset B$，那麼 P（A）$\leq$ P（B），因為構成 A 的所有出象也都會構成 B。圖 2.1 為此關係的 $Venn$ 圖表。

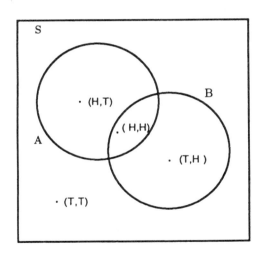

圖 2.1　　顯示集合運用的 Venn 圖表

　　現在考慮空集合，也就是無任何出象的集合。首先，有些人認為空集合只是數學家為了折磨學生想出來的無用念頭。但若要

上述的集合公式永遠成立，空集合便相當重要。以擲兩顆骰子一次為例。若 A 事件代表兩顆骰子總和大於或等於 8，B 事件為第一顆骰子擲出 1 點的出象，那麼 $A \cap B$ 就沒有任何出象，若沒有空集合的概念，$A \cap B$ 就不算集合。所以空集合讓上述公式擁有一項重要的特質，也就是數學家所謂的封閉（*closure*）：從一個集合或一組集合開始，經過交集、聯集或餘集等過程後，還是得到相同的集合。從認知論的觀點來看，空集合也相當合理，舉例來說，可以用空集合來代表位於撒哈拉沙漠、綠眼、有翅膀的獨角馬，不必擔心世上是否真有此種生物。

回到集合的正題，讓我們為生日的問題建立一樣本空間。如同以往，我們必須仔細地思考以建立合適的機率空間——問題的合理敘述。假設大廳中有 r 個人，並假設一年只有 365 個生日——若有人的生日為 2／29，將其歸為 3／1。因此，如果 $r > 365$，那麼至少會有兩個人在同一天生日，因此可以假設 $r \leq 365$。假設將每個人分配自 1 到 r 的編號，可得如下的組合：

$$(\text{--} , \text{--} , \text{--} , \cdots)$$

我們將詢問團體中的每一個人的生日，並將其填入對應至此人編號的空格中。最後可以得到一份記載有大廳中所有人生日的表單；例如，第 25 個人的生日填入表單的第 25 格。以此方式得到的所有表單就是樣本空間。你要如何計算這些表單呢？當我們走向第一個人，詢問他的生日時，共有 365 個可能的答案。在表單的第一格中，可能有 365 個不同的日期。同樣的，第二個人也

可能有 365 個不同的答案，之後的每個人都是。我們可以把問題改成：已知有上述 r 個空格的表單，每一格都會填入 365 個不同的生日，若有兩份表單至少有部分地方不同，那麼應該有多少個不同的生日表單？此問題的答案視一個稱爲計數原則（counting principle）的數學概念而定：

如果有 m 種方式執行第一項任務，有 n 種方式執行第二項任務，那麼就有 $m \cdot n$ 種方式執行這兩個任務。

此原則在第一章已使用數次。如果擲出兩顆骰子，第一顆骰子有六個可能的出象，第二個骰子也是，因此計數原則告訴我們共有 $6 \cdot 6 = 36$ 種可能結果。我們可以列舉出所有可能性證明計數原則——執行第一項任務的 m 種可能方式和執行第二項任務的 n 種可能方式互相配對，因此你可以得到 $m \cdot n$ 種不同的方式；這就是我們計算擲出兩顆骰子共有 36 種結果所使用的方法。現在可以將計數原則運用至任何有限數目的任務而不只是兩項任務。如果有 r 項任務，第一項任務有 m_1 種方式可以執行，第二項有 m_2 種方式，第三項有 m_3 種方式，一直到第 r 項有 m_r 種方式，那麼依序執行所有任務的可能方法總共爲 $m_1 \cdot m_2 \cdots m_r$。

現在將計數原則運用至現實情況。每當我們填入生日時，便在 365 個可能的出象間作選擇。每當我們填入一個生日後，下一格又可以填入 365 個不同的出象。利用計數原則，共有 $365 \cdot 365 \cdots$ 互乘 r 次的可能列表，也就是 365^r。真棒，現在我們知道樣本空間爲何了。共包含了 365^r 個出象，每個出象都是一年中 r 個日期的列表。例如，如果 $r=3$，那麼就有 365^3 種不同的列表，列表

（3／3、1／20、6／6）代表著編號 1、2、3 的人生日分別在 3 月 3 號、1 月 20 號與 6 月 6 號。在我們詢問 r 個人其生日之前，我們只知道在樣本空間中必有一份列表可以說明這 r 個人的生日資訊，不過我們不知道是哪一份。

　　下一個任務就是為出象決定機率分配。假設各列表的機率相等，也就是均等分配。首先，此假設合理嗎？想像一個奇特的村落，村民只在 6 月受孕，同時懷孕 9 個月。因此這個村落所有人的生日都在 2 月或 3 月，當然不可能有人會在 8 月生日。對此村落而言，均等分配的假設將導致不正確的數學模式。的確，此時需將機率集中分配給包含 2、3 月的表單，將包含 8、9 月的表單分配機率 0。該如何決定此種分配呢？我們之後才會回到這個問題；這和重要的大數法則相關。此處的重點是，我們應該研究該社會的出生資料，並隨機挑選列表以研究特定列表的相對次數，以此估計特定列表的機率。在一般人類社會中，均等分配經證實為實際情況的合理推測。因此，我們採用均等分配的模式——每一個列表的機率都等於 $1／365^r$，或者可以寫成 365^{-r}。

　　現在我們完成了合理的機率組成：一樣本空間與機率分配。接下來只需要計算我們感興趣的事件的機率，特別是「至少有兩個人的生日相同」的 A 事件。均等分配有個可愛的特質，那就是任一事件的機率，等於該事件的總出象除以樣本空間 S 中的所有出象；這是因為既然所有事件的機率均為 $1／S$，若要計算事件的機率，只要將其包含的出象機率加總即可。現在問題已經縮小成計算 A 事件的出象總數。很好，接下來該怎麼做呢？這是個棘手

的情況。只要表單上有兩個生日相同，就屬於 A。但此種表單實在太多了，若要一一計算實在太麻煩了－除非我們使用一些技巧。

現在考慮 A 的餘事件，A^c。我們可以將 A^c 描述爲所有生日均不相同的列表。計算 A^c 的出象較爲容易：第一格有 365 種可能的日期，第二格必須與第一格不同，因此有 364 種可能的日期，第三格又必須與前兩格不同，因此有 363 種可能的日期，以此類推。當我們輸入最後一格－第 r 格時，共有（365－（r－1））種可能日期。利用計數原則，總表單數目爲 365・364・…・（365－（r－1））。根據計算機率的規則：

$$\mathrm{P}\,(A^c) \quad = \frac{365 \times 364 \times \cdots \times \big(365-(r-1)\big)}{365^r}$$

$$= \left(1-\frac{1}{365}\right) \times \left(1-\frac{2}{365}\right) \times \cdots \times \left(1-\frac{r-1}{365}\right)$$

可以利用計算機，爲上述公式算出任何 r 值的結果。當 r 增加時，直覺反應就是所有生日均不同的可能性大大降低，因爲人數增加，生日相同的機率也增加。事實也正是如此，經過計算顯示當 r 增加時，所有生日均不同的 P（A^c）便減少。當 r＝23 時，此機率首次低於 1／2，因此 P（A）首次大於 1／2。換句話說，當大廳裏有 23 人時，對於下賭注於至少有兩人生日相同的人而言，是較爲有利的。當人數增加時，此優勢增加的更爲快速：當 r＝30，P（A）接近 0.7，當 r＝50，P（A）等於 0.97。對於大

部分剛聽到這個問題的人，都會非常驚訝地發現居然只要這麼少
的人數就會產生相同的生日。所以下次有人向你提出這種賭注
時，千萬別答應。

2.2 在樂透獎中追求夢想

現在我手上握著一份紐約州的樂透彩券。遊戲的玩法是：在
一組從 1 到 54 的數字板中，玩家挑選六個數字。開獎時，如果
玩家挑選的六個數字都出現，就贏得彩金（頭獎）。所有贏家平
分彩金。最低的賭金金額是兩張數字板＄1。在彩券的下方，有
一行文字是「用自己的方法，實現個人的夢想」。我們現在想要
研究，可否利用樂透追求夢想，還是夢想會更遙遙無期呢（把錢
都輸光光）？

每一張彩券贏得彩金的機率是 1 / 25,827,165，這是相當渺茫
的機會。利用一些之前學到的機率事件，就可以知道機會到底有
多小。取一枚公正的硬幣（公正意味著，正反兩面出現的機率各
為 1 / 2），連續擲出 24 次正面的機率還大於贏得頭獎的機率。
這實在不是一個合理的美夢。

現在讓我們計算彩券的機率。此過程將告訴我們數字是否需
為排列組合的重要性。玩家必須選出六個號碼，所以令 S 為包含
六個數字的集合（a，b，c，d，e，f），其中每一個都代表了由
1 到 54 的數字。有多少種組合呢？第一格可以有 54 個不同的數
字，第二格有 53 個（因為第二個必須與第一個不同），第三格

有 52 個不同的數字，依此類推，直到第六格有 54—5＝49 個不同數字。利用計數原則，可得出 54・53・52・51・50・49 種排列組合。（21，54，1，17，8，32）和（1，32，8，17，54，21）是不同的方法，因為順序不同。但在樂透問題中，順序無關緊要，重點是玩家寫下的一組數字，而非數字的順序。因此上述的所有方法總數大於實際數字。假設我們選擇了（21，54，1，17，8，32）中的數字。這六個數字有多少種排列組合的方法呢？現在有六個空格，第一格可以填入六個數字，第二格有五個，第三格有四個，依此類推，所以共有 6・5・4・3・2・1＝720 種方法。

　　現在我們知道了可能的排列組合次數，若要計算非排列組合的次數就必須除以 720。可得：

$$\frac{54 \times 53 \times 52 \times 51 \times 50 \times 49}{720} = 25{,}827{,}165$$

　　此問題的樣本空間就是這 25,827,165 個可能出象，每一個都代表你的可能選擇。遊戲規則應該要確定結果的隨機性，也就是符合均等分配。我們可以將遊戲想像成由紐約州隨機決定得獎的彩券，假如就是你手上握著的這張，恭喜你贏得頭獎。不過紐約州選中這張彩券的機率是 1 / 25,827,165。

　　當然，如果你買很多的彩券，就可以增加贏錢的機會。最近有一群人企圖在樂透遊戲中挑選所有可能的數字；高額的彩金吸引著他們做出如此大膽的嘗試。目前挑選所有數字在實務上是很困難且無法達成的，不過只要挑選的數字夠多，還是可以贏得彩

金。有些人認爲組成公司集資大量購買彩券的做法是犯法行爲，但儘管如此彩金還是照樣支付。如果個別的樂透玩家知道自己和擁有龐大資金的大型公司互相競爭，或許就不會透過樂透獎來追逐個人的夢想。這將威脅遊戲受歡迎的程度。目前仍有待法律防止此種集團壟斷市場。

從機率的觀點來看，樂透是相當沒賺頭的遊戲，你最好把錢省下來，睡個好覺，做做美夢。「總是有人贏得頭彩！」貪心的玩家吶喊著，沒錯，就像有人會被雷打到一樣。機率無法證明你毫無機會贏得彩金，但可能性卻也相當相當低。如果你因爲想要享受賭博的樂趣而玩樂透，那就是另一回事了。機率只能告訴你理性的一面——贏錢的可能性。而此遊戲贏錢的機率相當低。

✐ 練習

1. 假設馬克正要參加一月壽星的慶祝大會，但很倒楣地和其他七個人受困於電梯中，爲了打發時間，馬克想要計算電梯內八個人生日都不同的機率，答案爲何？至少兩個人的生日同一天的機率爲何？（假設這八個人的生日都在一月）。

2. 假設有六個人一起去看電影，在六個相鄰的座位中，共有多少種坐法？

3. 假設有三位男士、三位女士組成單身俱樂部，要坐在如上題中的六個相鄰座位，不過採取梅花座，也就是同性不坐在一起，

有多少種坐法？

4. 假設現在有七個相鄰的空格，我要用 H 與 T 這兩個字母填入空格，H 必須出現 4 次而 T 必須出現 3 次。有多少種不同的組合？

5. 將第 2.2 節中的樂透遊戲稍作改變，從 1 到 40 的數字板中挑選 6 個數字。先不作任何計算，直覺地說明此遊戲的機率高於或低於第 2.2 節的機率，並解釋你的論點。接下來再仔細地計算機率。

📖 第 3 章

條件機率：從國王到罪犯

那個裸體的笨傢伙沿著路走過來。

他們兩人擲著骰子；

「比賽結束！我贏了！我贏了！」

她高興地說，還三度吹口哨。

Samuel Taylor Coleridge, Rime of the Ancient Mariner

3.1　一些機率的規則與條件機率

擲兩顆骰子一次，利用 36 種可能出象與均等分配建立可能的機率組合。令 A 為「擲出七點」的事件；在第一章已知此事件包含六個出象，機率各為 1／36，因此 P（A）＝6／36＝1／6。令 B 為「第一顆骰子（紅色）擲出一點」的事件。B 事件的所有出象為（1，1）、（1，2）、（1，3）、（1，4）、（1，5）、（1，6）。所以 P（B）也等於 1／／6。現在我們要找出 P（A∪B）。根據定義，A∪B 意味著擲出七點、或第一顆骰子擲出一

點或兩者均成立。寫下所有可能，可得 11 個出象：有六種可能擲出七點，包括（1，6）這個出象，再加上其他五個第一個骰子為一點的出象。因此 P（$A \cup B$）＝11／36。那麼 P（$A \cap B$）呢？$A \cap B$ 意味著 A 與 B 事件同時發生，因此若要第一顆骰子擲出一點、兩顆骰子的和為七點，只有一種可能，（1，6）。因此 P（$A \cap B$）＝1／36。注意下列公式：

$$P（A \cup B）＝P（A）＋P（B）－P（A \cap B）。$$

此公式為何成立顯而易見。為了計算左手邊的機率，我們必須將聯集內所有出象的機率相加。在右手邊，P（A）為 A 事件所有出象的機率，P（B）為 B 事件所有出象的機率。但 P（A）＋P（B）的結果，使得同屬 A 與 B 事件的出象之機率重複計算，在 A 事件中算了一次在 B 又算了一次。因此我們必須減去 P（$A \cap B$）。上述公式適用於所有機率空間與任何包含 A、B 事件的組合。如果沒有任何出象同時為 A 與 B，那麼 $A \cap B$ 為空集合，因為空集合的機率為零，因此公式可以簡化為：

$$P（A \cup B）＝P（A）＋P（B） \qquad （若 A \cap B 為空集合）。$$

此公式簡單又好用。如果兩事件無共同的出象（兩事件無交集），那就只要把個別機率相加就可以得到聯集的機率。你可以把事件 A 與 B 想成兩塊不重疊的陸地，機率就是其面積——若要找出兩塊陸地的聯集，只需把面積相加即可得到機率。如果陸地重疊，那麼就必須減去重疊的區域，因此必須使用第一個公式。

現在回到與擲兩顆骰子有關的機率空間，假設 A 事件為「兩

顆骰子總和爲六點」。A 事件包括了（1，5）、（2，4）、（3，
3）、（4，2）、（5，1），P（A）＝5／36。B 事件爲「第一
顆骰子擲出一點」，機率爲 1／6。但現在假設你得到一個新資訊。
假設已知第一顆骰子擲出一點。問題變成了，已知這個額外的資
訊，P（A）爲何？新資訊當然會改變你對不確定性的看法，使
你重新評估機率。在上例中，如果已知第一顆骰子擲出一點，唯
一的可能出象爲（1，1）、（1，2）（1，3）、（1，4）、（1，5）、
（1，6）；此時我們可以忽略其他的出象，因爲根據新的資訊，
其他出象不會發生。現在我們有了新的樣本空間，又因爲最初假
設均等分配，因此同理推論在新的樣本空間中，所有出象的機率
相等。又已知第一顆骰子擲出一點，那麼事件 A 就只有一個出
象，（1，5），其機率爲 1／6。這項新的資訊使得 A 的機率從 5／36
變成了 1／6。

　　一般說來，如果已知一樣本空間，之後有新資訊產生，使用
新資訊更新原機率空間相當合理，因此將根據新資訊更新機率的
計算。此時更新的機率稱爲條件機率（*conditional probabilities*）。
P（A｜B）爲 B 事件出現後，A 事件出現的機率：

$$P（A \mid B）= \frac{P(A \cap B)}{P(B)} 。$$

　　此定義具有直覺的吸引力。已知 B 事件會發生，那麼原始樣
本空間中不屬於 B 的出象都不會發生，因此將 A 事件中的出象限
制爲同屬於 B 的出象相當合理，也就是說，P（A｜B）應與 P

（$A \cap B$）相關。在上例中，$A \cap B$ 只包含（1，5），機率爲 1／36，而 P（B）＝6／36，因此由公式可得 P（$A \mid B$）＝（1／36）（6／36）＝1／6。只要 P（B）≠0，條件機率公式的右方便可以決定機率分配；當條件事件機率爲 0 時，毋須定義條件機率。注意，將條件機率公式的兩邊同乘 P（B）後，可得到另一個有用的公式：

$$\text{P}（B）\cdot \text{P}（A \mid B）＝\text{P}（A \cap B）。$$

更新後的條件機率可能與原始機率相同：若 A 爲「擲出七點」，B 爲「第一顆骰子擲出一點」，那麼 P（$A \mid B$）＝P（A）＝1／6。當條件機率與原始機率相同時，我們稱 A 與 B 獨立：在直覺上，因爲 A 的條件機率和原始機率相同，B 所提供的新資訊似乎不會影響 A。獨立性的概念是機率學理論中的一個重要主題。我們將在第五章充分討論。

3.2　**國王有姊妹嗎？**

思考以下的問題，測試我們對條件機率的觀念（這是「《*機率學的第一堂課*》，Ross Sheldon 所著，建議具有良好數學背景的讀者可以深入研究」的練習題）：

> **國王出生在有兩個孩子的家庭。另一個孩子是女孩的機率爲何？**

此問題的樣本空間 S 包含了四種可能：（B，B）、（B，G）、

（G，B）、（G，G），其中 B 代表男孩，G 代表女孩，前後位置代表出生順序。爲了解決此問題，首先要作一些假設。我們假設四個出象的機率均相同。令 U 爲「有一個孩子是女孩」的事件，V 爲「一個孩子是國王」的事件。我們想要計算 P（U│V），利用公式，可得：

$$P（U│V）= \frac{P(U \cap V)}{P(V)} = \frac{P（一個孩子是\ B，一個是\ G）}{P(V)}$$

$$= \frac{2/4}{3/4} = 2／3$$

這個問題有個陷阱——許多人都以爲答案應該是 1／2，就像汽車與山羊的問題一樣。若問題是「這個人的手足爲女孩的機率？」答案便爲 1／2。但在問題中，你已經知道國王是男孩，因此（G，G）這個出象是不可能的。現在 S 的其他三個出象變成了條件機率空間。此問題再次證明了當你解釋問題提供的資訊時，必須非常小心。如果敘述模糊，不同的解釋會產生相當不同的樣本空間，因此產生不同的答案。

3.3　囚犯的難題

囚犯的難題（*prisoner's dilemma*）這個問題，可以讓你仔細思考條件機率的概念（在賽局理論中，有個名稱相同、但內容完

全不同的著名問題）。此問題在條件機率方面的版本是：假設有
三名囚犯：A、B 與 C。其中兩名將被釋放，囚犯們知道這一點，
但不知道誰會被釋放。囚犯 A 要求守衛告訴他除了自己以外，其
他兩名囚犯中哪一個會被釋放。守衛拒絕這項請求，只告訴 A 說
「我如果不跟你說，你被釋放的機率是 1／3。如果我告訴你 B
會被釋放，那麼你被釋放的機率就變成了 1／2。我不想傷害你被
釋放的可能性，所以我不會告訴你。」守衛的論點正確嗎？

　　此問題的答案並非顯而易見，需要作一些分析工作，才能發
現爲什麼守衛的話聽來過於圓滑。守衛心中所想的是，兩個囚犯
被釋放的樣本空間，這三個出象爲 ｛A，B｝、｛A，C｝、｛B，
C｝，此括弧代表的是非排列組合，這些出象意味著這兩名囚犯
將被釋放。爲了導出機率空間我們使用均等分配，代表假釋官隨
機選擇被釋放的囚犯（此類問題通常需要此種假設，否則就無法
導出機率分配，因此也不能解決問題）。因此上述出象各被分配
了 1／3 的機率，而守衛對於 A 被釋放機率爲 2／3 的說法正確。
但是當守衛說：

$$P（A被釋放｜守衛說B會被釋放）＝1／2 ，$$

問題便產生了。

　　第一個重點是，我們無法利用守衛定義的樣本空間計算上述
的條件機率：沒有一個事件是「守衛告訴 A，B 會被釋放」。因
此我們需要更複雜的樣本空間配合守衛的說法。考慮以下四個出
象：

$O_1 = \{$ A，B，守衛說 B 會被釋放 $\}$，

$O_2 = \{$ A，C，守衛說 C 會被釋放 $\}$，

$O_3 = \{$ B，C，守衛說 B 會被釋放 $\}$，

$O_4 = \{$ B，C，守衛說 C 會被釋放 $\}$。

上述四個出象符合了兩名囚犯將被釋放與守衛的說法。事件 O_1 等於 A 與 B 被釋放（守衛必須回答 B 會被釋放），因此機率為 1／3，同樣的 P（O_2）＝1／3。現在開始有趣的部分了。因為 O_3、O_4 的聯集是事件 $\{$ B，C $\}$，此聯集的機率為 1／3。但若沒有進一步的資訊，我們無法決定 O_3 與 O_4 的個別機率為何。通常是假設這兩個事件的機率同為 1／6；亦即若 B 與 C 將被釋放，而守衛以擲幣決定告訴 A 被釋放的是 B 或 C 時，此假設正確。但是，守衛當然會使用其他的方法，例如總是說 B。

首先，我們令兩事件的機率均為 1／6。因此：

P（A 被釋放｜守衛說 B 會被釋放）

$$= \frac{P(O_1)}{P(\text{守衛說　}B\text{ 會被釋放})} = \frac{1/3}{1/3 + 1/6} = 2／3，$$

證明了 A 被釋放的條件機率和原始機率相同（公式中的分母為 1／3＋1／6＝1／2，這是因為「守衛說 B 會被釋放」的事件是 O_1、O_3 兩獨立事件的聯集。為了導出聯集的機率，利用第3.1節中第二個公式將個別機率相加。）。若守衛說「C 會被釋放」，可使用相同的方法，同樣導出 2／3。所以我們解決了此問題：不

論守衛說什麼，都不會改變 A 被釋放的機率，也就是說，「A 被
釋放」的事件與「守衛說 B 會被釋放」的事件無關。

　　但是現在考慮當 B 與 C 會被釋放，而守衛總是回答 B 會被
釋放的情況。O_3 的機率為 1／3，而 O_4 的機率為 0。這麼一來，
上述公式中的分母由 1／3＋1／6 變成了 1／3＋1／3＝2／3，因
此條件機率為（1／3）（2／3）＝1／2，如同守衛所言。所以當
守衛可以選擇告訴 A 是 B 或是 C 會被釋放（當 B 與 C 被釋放時），
他就可以透過改變其說法以影響條件機率的數值。若他選擇告訴
A「B 會被釋放」的機率介於 0 至 1／3 之間，那麼條件機率便會
是介於 1／2 到 1 之間的數字。但這是否意味著守衛可以透過他
的說法控制 A 的命運？這和我們的直覺不符。如果上述論點成
立，那麼如果守衛只是自言自語而不是直接告訴 A，也能改變 A
的命運嗎？畢竟，釋放哪些囚犯是由假釋官決定，和守衛說什麼
一點關係都沒有。這似乎告訴我們一開始便應該假設「A 被釋放」
的事件應與守衛的說法無關。但如果作了這個假設，那麼上述公
式的條件機率應為 2／3，而且只有在 O_3 和 O_4 的機率各為 1／6
時才成立。所以第一個解法才符合現實情況。第二個解法，雖然
在數學上正確，但卻不是我們需要的模式。如果我們只想知道 P
（A 被釋放）而非條件機率，那麼答案就是 P（O_1）＋P（O_2）
＝2／3，不論守衛的說法為何。

　　上述證明「A 被釋放」的事件與警衛說法無關的解法，為囚
犯難題的問題提供了合理的解答。現在看看另一個問題如何導出
與囚犯難題相同的數學模式，唯一的不同之處，就是任一個可能

的解法都可以提供合理的現實生活解釋。我們要看看第一章討論的汽車—山羊問題的另一個版本。在第一章，我們假設對於門的選擇是隨機的，同時汽車位於一號門後。最初在報紙上，對於汽車—山羊問題的敘述較為模糊；有數種方式可以解釋文意，因而產生數個不同的問題。最常見的版本如第一章所述。另一個版本，由 Gillman 所分析，假設你最初總是選擇一號門，但汽車與山羊隨機分佈在每一扇門之後（也就是均等分配）。當主持人打開二號門或三號門時，你就改變答案。現在的問題是：已知主持人打開三號門，找出汽車位於二號門後的條件機率，也就是改變答案後贏得汽車的條件機率。Gillman 證明若已知汽車位於一號門後，那麼答案視主持人打開三號門的條件機率而定。如果事件「贏得汽車」和「打開三號門」，與囚犯難題中的事件「A 被釋放」及「守衛說 B 會被釋放」雷同，那麼這些問題基本上是相同的。已知主持人打開三號門後贏得汽車的條件機率介於 1／2 至 1 之間，就像已知守衛說 B 會被釋放後，A 被釋放的條件機率視守衛如何說明的機率而定一樣。然而，這些問題之間的主要差異在於代表現實情況的數學模式。在囚犯的難題中，我們一開始就認為 A 被釋放的機率應與守衛說法無關，所以樣本空間應該反映這一點。在汽車與山羊的新版本中，事件的本質讓我們合理地假設其間的相關性，因此可以採用之前放棄的任何可能解法。這意味著答案可能介於 1／2 至 1 之間。

3.4 關於小籃子

　　現有一個裝有十顆球的小籃子，其中六顆紅的、四顆黑的。球的大小相同，並且混和均勻。現在隨機自籃子中取出球，並標示其顏色。球取出後不投返，在確定剩餘的球已混和均勻後，再取出第二顆球並標示其顏色。事件定義為：

　　　A_1＝{ 第一顆球為紅色 }，A_2＝{ 第二顆球為紅色 }。

　　我們想知道 A_1、$A_1 \cap A_2$ 與 A_2 的機率。

　　A_1 的機率很容易算出來。在此類問題中，混和均勻的球是相當普遍的問法，因為這意味著「均等分配」。所以樣本空間可以用十個出象的集合代表，其中特定顏色的球被取出的機率都是 0.1。事件 A_1 包含了六個出象，因此機率為 0.6。現在考慮 $A_1 \cap A_2$ 的事件。使用條件機率的公式：

　　$P(A_1 \cap A_2) = P(A_1) \cdot P(A_2 \mid A_1) = 6 / 10 \cdot 5 / 9 = 1 / 3$

　　公式中的條件機率等於 5 / 9，這是因為球取出後不投返，在第二次取球時，籃中包含了五顆紅球與四顆黑球，同時因為球都混和均勻，因此同樣使用均等分配。最後就是事件 A_2 了。此事件與第一次取球無關，但為了計算 A_2 的機率，我們必須考量第一次取球時的所有可能性，因為這會影響 A_2 的機率。重點是：

　　　$A_2 = (A_1 \cap A_2) \cup (A_1^c \cap A_2)$

　　以上說明了，在第二次取球取出了紅球的情況下，第一次可

能取出紅球或是取出黑球。因為上述括弧中的事件互斥（你不能同時取出紅球與黑球），因此可使用 3.1 節中關於無相關聯集的機率公式：

$$P（A_2）= P（A_1 \cap A_2）+ P（A_1^c \cap A_2）$$

右手邊的第一項剛剛已經算出來是 1／3。現在我們以相同的方式計算第二項，使用下列公式：

$$P（A_1^c \cap A_2）= P（A_1^c）\cdot P（A_2 \mid A_1^c）= 4／10 \cdot 6／9 = 4／15$$

【在第一次取球前，籃中有四顆黑球，所以第一次取出黑球的機率為 4／10；之後籃中剩下九顆球，其中有六顆是紅球，因此第二次取出紅球的（條件）機率為 6／9。】所以 P（A_2）= 1／3＋4／15＝0.6。

籃子問題吸引人之處，在於我們可以利用條件機率計算兩事件交集的機率。這和上一節中，利用原始的交集機率計算條件機率的方法相反。在籃子問題中，機率自然而然地屬於條件機率：第二次取球的機率視第一次取球的情況而定。

第二個有趣的地方是，A_1 與 A_2 有相同的機率，0.6，這並不是巧合。如果籃子中放入 a 顆紅球與 b 顆黑球，同時假設籃中至少有兩顆球（所以可以取球兩次），那麼利用簡單的代數替換，就可以導出 A_1 與 A_2 仍然有相同的機率，a／（a＋b）。這可能讓你有點懷疑，畢竟第二次取球是在第一次取球之後。但現在把依序取球想成是取球一次，把雙手同時伸進籃中各取出一球。我們可以（R，B）表示出象，其中第一格代表左手取出之球的顏色，

第二格則是右手取出之球的顏色。左手取出的球也可以代表第一
次取出的球,右手取出的球則代表第二次取球。現在 (R, B) 的
排列組合亦產生如第二章描述的均等機率空間。此模式的對稱性
相當明顯:任何以 R 為第一格的排列組合,都可以換成以 R 為第
二格的排列組合。因此事件 A_1 與 A_2 的出象數目相同,所以他們
擁有相同的機率也不足為奇。此種思考方式也顯示若籃中球數足
供取球 n 次,那麼第 n 次的取球情況仍相同,因此在第 n 次取球
時取出紅球的機率仍為 $a / (a+b)$。此例同時告訴我們,以不
同的角度看問題,可能帶來不同的見解。

　　上述不投返的取球模式,可以有數種變化。我們可以自籃中
取出一球,若為紅球即投返並再放一顆紅球至籃中。若為黑球即
投返並再放一顆黑球至籃中。在此模式中,籃中球數增加而非減
少。這是所謂的 Pólya urn scheme 的特殊情況,為傳染疾病提供
模式。每次取球都意味著在特定母體中抽取樣本。紅球代表受到
感染的個體:黑球則未受感染。每個受到感染的個體,都代表著
發現另一個受感染個體的機率增加,而未受感染的個體,則代表
發現健康個體的機率增加。使用此種模式,就可以研究疾病的長
期發展。

✎　練習

　　1.　令 S 為擲兩顆骰子一次的樣本空間,假設 A 是「第一顆骰子為

奇數」的事件，B 是「第二顆骰子為偶數」的事件。描述以下各事件並計算其機率。（a）$A \cap B$，（b）$(A^c \cap B^c) \cup (A \cap B)$，（c）$A^c$，（d）$(A \cup B)^c$。

2. 擲兩顆骰子一次。得到 11 點的機率為何？已知擲出點數總和為奇數，得到 11 點的機率為何？已知擲出點數總和為大於 3 的奇數，得到 11 點的機率為何？

3. 擲一枚硬幣四次。計算至少有兩次正面朝上的機率。已知至少有一次正面朝上，計算至少有兩次正面朝上的機率。已知至少有兩次正面朝上，計算四次都是正面朝上的機率。

4. 籃子中裝了 5 顆紅球與 5 顆黑球。隨機取出一球，標示其顏色再投返回籃中。接著隨機取出第二顆球，計算下列機率：（a）第一顆球為紅色、第二顆球亦為紅色，（b）第一顆球為紅色、第二顆球為黑色，（c）第二顆球為紅色，（d）第二顆球為黑色。

5. 令 A、B、C 為可使 A 與 $A \cap B$ 機率為正的任何事件。使用條件機率公式證明下列關係：

$$P(A)\,P(B/A)\,P(C/A \cap B) = P(A \cap B \cap C) \text{。}$$

📖 第 4 章

貝氏定理

他透過代數，證明莎士比亞的鬼魂就是哈姆雷特的祖父。

James Joyce，Ulysses

4.1　血液檢驗與貝氏定理

　　有一種血液檢驗，可以發現引起愛滋病的 HIV 病毒。此檢驗成效良好，因為帶有 HIV 病毒的人被篩檢出的機率相當高。此種機率如何估計出來的？如前所述，以下將討論的大數法則可證明我們的直覺，也就是利用相對次數來估計機率。所以此處我們可以向染有愛滋病，亦即帶有此病毒的母體進行測試。如果檢驗結果呈陽性的百分比為 95％，那麼此檢驗的靈敏度為 0.95，

P（結果為陽性｜患病）。

　　不幸的是，所有的醫療檢驗偶爾都會發生誤差。誤差有兩種：

P（結果為陰性｜患病）　　　（誤判為陰性）　　　，

P（結果為陽性｜未患病）　　（誤判為陽性）　　。

如果假設檢驗出病毒的機率為 95%，那麼根據機率法則，誤判為陰性的機率為 5%，也就是 1－（靈敏度）。但誤判為陽性的機率為何呢？為了找到答案，必須作更多的估計。現在我們需要另一個母體，一群未帶有病毒的對象。我們可計算此母體被檢驗出陽性的相對次數，估計誤判為陽性的機率。（我們簡化了估計的程序。一些原先被視為未帶有病毒的對象最後可能還是患病。實驗的實際設計複雜的多，而且必須考量此種可能性。）如果這是理想的醫療檢驗，那麼誤判為陽性的機率應該相當低，同時應該檢查誤判為陰性與誤判為陽性的機率是否都盡可能的小。

幾年前，有人建議所有申請結婚證書的夫妻都應該接受愛滋病毒的檢驗。其論點是這麼一來可有效減緩愛滋病的傳播速度。然而，許多專家認為這只是浪費金錢與資源而已。要求檢驗愛滋病毒的提議從未付諸行動。這樣錯了嗎？

一名英國的神學家兼數學家，Thomas Bayes（1702-1761），協助我們分析此問題。令 A 與 B 為機率空間中的任何事件。以下是貝氏死後遺留下的一份文獻中出現的公式：

（貝氏定理）

$$P(A \mid B) = \frac{P\langle B \mid A\rangle \times P(A)}{P\langle B \mid A\rangle P(A) + P\langle B \mid A^C\rangle P(A^C)}$$　。

我們可以使用第三章的定義與法則，輕輕鬆鬆地檢驗貝氏定

理。公式的左手方就是：

$$\frac{P(A \cap B)}{P(B)} \quad 。$$

但是，

$$P(A \cap B) = P(B \mid A)\, P(A)$$

且

$$P(B) = P(B \cap A) + P(B \cap A^c) = P(B \mid A) \cdot P(A) + P(B \mid A^c)\, P(A^c) 。$$

　　利用一些代數替換就可以導出貝氏定理。現在你可能會問「這個公式有什麼大不了的？不過就是之前所學的公式的變化而已啊！」的確，代數替換相當簡單，但這個公式卻隱含一個很重要的想法。在左方，令事件 B 為已知。但在右方，卻變成了事件 A 與 A^c 為已知。此公式告訴我們如果令 A 與 A^c 為條件事件，那麼就可以計算以 B 為條件事件的條件機率。

　　現在看看此公式如何應用至上述的問題。假設一假想疾病誤判為陽性與誤判為陰性的機率估計各約 5%。此外，假設根據估計值顯示母體中大約有 0.3% 的人口患有此疾病。現在我們要計算已知檢驗結果為陽性，此人患有此疾病的機率為何。

　　　$A = \{$受檢者患病$\}$，$B = \{$檢驗結果為陽性$\}$。

　　使用貝氏定理：公式的左手方正是我們的目標。$P(B \mid A)$

就是靈敏度估計值，$0.95 = 1 - 0.05$，而 P（A）就是母體中疾病出現的相對次數估計值，0.003。現在 P（$B \mid A^c$）就是已知此人未患病，但檢驗結果爲陽性的機率；因此我們將使用誤判爲陽性的機率估計值，0.05。將這些數字套入貝氏定理，可得：

$$P（A \mid B）= \frac{(0.95)(0.003)}{(0.95)(0.003) + (0.05)(0.997)} \approx 0.05 \qquad ,$$

上述彎曲的斜線意味著「近似於」。你可能發現結果相當令人意外。將機率解釋成相對次數，我們發現陽性的檢驗結果只有 5％的機會可以發現真正患病的人。有 95％的機會將健康的人誤判爲患病。仔細研究代數關係可發現：疾病發生機率－ P（A）越小，陽性反應發現真正病患的機率也越小，P（A）越大，陽性反應也就越可靠。所以即使誤判爲陽性與誤判爲陰性的機率都很低，陽性反應在發現稀有疾病時仍是相當不可靠的。

讓我們將上述分析應用至 HIV 病毒的檢驗。HIV 的血液檢驗的誤判機率相當低；資料指出兩種誤判的機率均低於 0.1。此外，AIDS 在大母體中算是較爲稀有的疾病，估計相對次數約 0.006（使用 1988 年的估計值）。既然申請結婚證書的夫妻並不算是高危險群，因此 AIDS 在此類族群中出現的次數應該與大母體類似。因爲上述論點，要求申請結婚證書的夫妻接受 AIDS 檢驗並不是一項好政策。在此低危險族群中，發現 AIDS 的機會非常低，因此不值得耗費衆多資源與人力，而且若是誤判將造成受害者的心靈受損。根據上述結論，對高危險群進行檢驗是較爲合理的，

因爲此時陽性反應變的較爲可靠。現在回到上述的假想疾病。假設誤判爲陽性與誤判爲陰性的機率維持不變，但 P（A）變成 0.1 而非 0.003，因此，母體中大約有 10%的人口患病而非 0.3%。利用貝氏定理可得：

$$\frac{(0.95)(0.1)}{(0.95)(0.1)+(0.05)(0.9)} \approx 0.68，$$

以上是染病者檢驗結果爲陽性的機率。現在陽性反應的誤判率只有 32%而非 95%。

由上述討論，我們可以總結駁回要求所有申請結婚證書之夫妻接受檢驗的決議是項明智的決定。此例子可證明數學，尤其是機率學，可在看似合理的行動之初期階段就發現瑕疵。

4.2　籃子的問題

貝氏定理的一個重要解釋是在特定情況下，P（A）（在公式的右手方）可根據已知 B 事件的發生，更新爲條件機率 P（A | B）（在公式的左手方）。爲了更瞭解這一點，現在讓我們看看一個和 Laplace 在《機率學的哲學觀》一書中第 18 頁發表的有趣問題很類似的題目。現在，籃中有兩顆球，可能是白色或黑色。遵循下列程序自籃中取球後投返：混合均勻、取球、記錄顏色、投返、混和均勻、取球，以此類推。假設前兩次都取出白球。計算第三次仍取出白球的機率。

為了回答此問題，我們需要為籃中兩球的顏色假設事前（*prior*）分配，也就是說，在前兩次都取出白球之前的分配。假設此事前分配為隨機的，白球與黑球的機率均為 1／2。這意味著籃中的球可能兩顆都是白色，機率為 1／4；或是兩顆都是黑色，機率為 1／4；或是一黑一白，機率為 1／2。以下事件的定義為：

D ＝　**兩顆球顏色不同。**

W ＝　**兩顆球都是白色。**

B ＝　**兩顆球均為黑色。**

W_2 ＝　**前兩次都取出白球。**

C ＝　**第三次取出白球。**

我們可以條件機率法則回答問題。既然 P（C｜B）與 P（W_2｜B）均為 0，因此：

P（$C \cap W_2$）＝ P（D）P（$C \cap W_2$｜D）＋ P（W）P（$C \cap W_2$｜W）

$\qquad$ ＝（1／2）（1／8）＋（1／4）（1）＝ 5／16

而且，

$\quad$ P（W_2）＝ P（D）P（W_2｜D）＋ P（W）P（W_2｜W）

$\qquad\qquad$ ＝（1／2）（1／4）＋（1／4）（1）＝ 3／8，

因此 P（C｜W_2）＝（5／16）（3／8）＝ 5／6。現在讓我們以稍微不同的方法來解這個問題（也比較耗時）。已知前兩次取

球的結果，我們現在要計算籃中兩球的更新後條件機率分配。使用貝氏定理計算這些更新的機率：

$$P\,(D\mid W_2) = \frac{P\langle W_2\mid D\rangle P(D)}{P\langle W_2\mid D\rangle P(D) + P\langle W_2\mid W\rangle P(W) + P\langle W_2\mid B\rangle P(B)}\,。$$

因為籃中兩球有三種可能的事前組合，注意此時貝氏定理在分母的部分變成三項而非兩項。公式右手方的每一項都可以根據問題的條件計算出來。如上所見，$P(D)=1/2$，$P(W)=1/4$，$P\,(W_2\mid D)=1/4$，$P\,(W_2/W)=1$，$P\,(W_2\mid B)=0$。將這些數字套入貝氏定理可得：

$$P\,(D\mid W_2) = \frac{(1/8)}{(3/8)} = \frac{1}{3}\quad。$$

因為 $P\,(B\mid W_2)=0$，所以 $P\,(W\mid W_2)$ 必為 $2/3$。我們現在有了已知前兩次取球的情況，籃中兩球的更新後機率。現在只需要使用更新後的分配計算第三次取球的機率（以 P^* 表示）：

$$P^*\,(C) = P^*\,(D)\,P^*\,(C\mid D) + P^*\,(W)\,P^*\,(C\mid W)$$

$$= (1//3)(1//2) + (2//3)(1) = 5/6，$$

和之前的答案一樣。在第二個方法中，我們使用前兩次取球的結果計算新的條件機率分配；第一個方法在事前分配中使用所

有的資訊,因此更簡單地就算出答案。

　　Laplace 問題和上述問題的唯一差別是事前分配。Laplace 並未假設籃中兩球為白或黑色的機率各為 1／2,而是假設 D、W、B 事件的機率各為 1／3。將這些數字套入上述公式中,可以發現 Laplace 的答案為 9／10 而非 5／6。

4.3　Laplace 的連續法則

　　已知太陽在過去 5000 年來每天都從東方升起,假如現在有人跟你打賭明天太陽不會升起,你願意下多少賭注呢?Laplace 在《*機率學的哲學觀*》一書中,根據上一節的取球方式,使用籃子模式回答此問題。Laplace 的論點為:假設籃子裝了許多的黑球與白球;每次取球代表一天。自籃中取出白球等於太陽升起。如同之前在已知前兩次取出白球的情況下,計算自籃中取中第三顆白球的機率;我們現在要計算已知連續取出白球 1,826,213 次(太陽已升起 5000 年),下一次自籃中取出白球(太陽升起)的機率。不過此種計算,需視我們對於籃中組成的事前分配之假設而定(在上一節中,我們假設白球與黑球的機率相等)。既然我們根本就不知道事前分配為何,Laplace 便假設所有的組成都是可能的。他假設共有 $N+1$ 個籃子,其中第 i 個籃子裝了 i 顆白球與 $N-i$ 顆黑球。隨機挑選一個籃子,使用上一節的方法(投返)取出 n 顆。由上文可知取出的都是白球,Laplace 估計若 N 夠大,下一顆仍是白球的機率約為($N+1$)／($N+2$)(此處

不討論細節）。這稱爲 Laplace 連續法則。由此他歸納以 1,826,214 對 1 賭太陽明天還會繼續升起是合理的。

　　從現代的觀點來看，Laplace 模式充滿著漏洞。其中一個主要問題就是利用籃中取球表示天文現象的合理性。就算這一點合理，另一個關於籃中所有組成方式的機率均相等的假設也不成立，因爲完全忽略了籃中組成物的分配問題。均等分配的概念在機率學發展的早期並不明確；在當時的文獻中稱之爲無差異原則（*principle of indifference*）。現代在直覺上便對這個想法產生懷疑（當你沒有任何資訊時，如何能下斷語呢？），因而產生問題。例如，考慮三個事件，A＝明天不會下雨；B＝明天會下雨，但中午過後就會停了；C＝明天會下雨，而且會一直下到午後。如果我們因爲不清楚下雨、時間等因素將這三個事件視爲機率相等，那麼我們必須分配給 A、B 與 C 事件同爲 $1 / 3$ 的機率。另一方面，我們也可以考慮 A＝明天不會下雨，D＝明天某一時間會下雨。現在產生了 A 與 D 同爲 $1 / 2$ 的機率。同樣地，我們可以令 A^c 等於（$N-1$）個我們不太清楚的獨立事件之聯集，因此 A 的機率爲 $1 / N$。所以就算我們手邊的資訊根本不足，還是可以隨個人高興改變 A 的機率值！大部分現代的機率學者都認爲因爲無知而使用均等分配是大錯特錯。在應用時使用的任何分配假設，都應基於充分理解而非無知。不過，一直以來，當人們急於想要知道機率分配，但卻沒有可產生合適分配所需的資訊時，無差異原則就會出現（第 4.5 節將提供例證）。

　　我們無法得知 Laplace 在計算太陽升起的賭注時是否當真。

或許 1,826,214 對 1 的數字只是好玩而已,反諷 18 世紀時以上帝
為萬物之主宰的觀念。的確,當 Laplace 提出 1,826,214 對 1 的機
率時,他補充說,「但對於堅信沒什麼可以阻礙上帝主導日夜之
偉大力量的人而言,這個數字絕對不嫌大!」。所以信仰虔誠的
人會願意為這個賭注冒險。Laplace 在這裡替我們帶出了下一節
的主題——主觀機率。

4.4 主觀機率

之前我們考量的事件都是模擬重複實驗的出象。擲骰子、拋
擲硬幣、自母體中選出遭到病毒感染的病患——這些都是可重複
的實驗。相對次數的概念適用於此種事件,如「擲出七點」。舉
例來說,重複擲兩顆骰子,擲出七點的相對次數或比例為何?大
數法則告訴我們在一般情況之下,其相對次數應接近 1 / 6,也就
是擲出七點的機率。所以如果擲骰子一百萬次,若將出現七點的
總次數除以一百萬,將近似於 1 / 6,重複的次數越多就越接近。
有許多機率學者喜歡使用此種相對次數近似於機率的可重複事
件。大部分的古典與現代之機率研究都是針對此種事件,而主要
的標準原理,如主觀機率,亦堅持使用可重複事件。因此你可以
直接接受各種標準法則或理論原理,其中部分已在之前章節介紹
過了。由這些原理又產生了大數法則以及機率與相對次數之間的
關係。

雖然古典機率理論要求事件必須可重複,不過還是有特定事

件包括了來自不可重複實驗的出象，但其機率仍爲合理。在第一章的審判例子中，事件爲「被告有罪」。此種事件並不屬於可重複實驗，但還是可以爲評估陪審團認爲被告有罪之程度的事件訂出機率。也許身爲陪審員的你覺得被告有罪的機率爲 90%。此種機率爲個人，或主觀機率，每個陪審員的主觀機率都不同，而且也會隨進一步的證據而改變。此種機率的解釋，仍然受到適用於重複事件的機率法則之主導；例如，「被告是無辜的」與「被告有罪」的兩事件機率和爲 1。不過此處大數法則不再適用；取而代之的是，隨著越來越多的證據出現將使得各陪審員的個人機率越來越接近的概念。

　　事件的機率隨個人評估而改變但非固定數值的事實，讓許多數學家對主觀機率感到不安。相信機率學理論只能採用可重複事件的人稱爲「相對次數派，*frequentists*」，因爲他們的信心源自於相對次數，另一方面，即使面對可重複事件，仍從主觀觀點研究機率的人稱爲「主觀派，*subjectivists*」。主觀派認爲貝氏定理可以充分表達其基本信念；因此通常也稱爲「貝氏學派，*Bayesian*」。讓我們再看一次貝氏定理，注意右方的 P（*A*）和左方的條件機率。貝氏學派將右方的 P（*A*）視爲原始或事前的主觀機率，左方的條件機率則爲利用來自 *B* 的額外資訊，予以更新或事後的主觀機率。對貝氏方法的主要批評是針對事前機率分配的假設與設定的需要。另一方面，那些堅持可重複事件與相對次數的人所受的批評則是不必要地限制了機率的概念。相對次數派與貝氏學派對於統計學的方法之爭論尤其激烈，將於第 15 章討

論。

4.5　血緣關係的問題

　　以下是主觀機率的問題：在一樁認親案件中，被告男子身上
有個基因只出現在 1%的成年男性人口中。在孩子身上也發現此
種基因，而此種基因只會透過父親遺傳，如果父親有此基因，孩
子遺傳到此基因的機率為 100%。現在的問題是已知孩子擁有相
同基因，被告男子是孩子生父的機率為何？

　　　　$A=$ ｛被告男子為生父｝，$B=$ ｛孩子擁有此基因｝。

　　現在讓我們利用貝氏定理計算 P（$A \mid B$）。因為父親一定會
把基因遺傳給孩子，所以 P（$B \mid A$）$=1$。此外，P（$B \mid A$）$=0.01$，
這是因為如果該男子不是父親，那麼此基因在孩子身上出現的機
率，約等於此基因在成年男性人口出現的機率。現在就是備受爭
議的部分了。若要使用貝氏定理，我們必須事前估計或猜測 P
（A）。若令 P（A）等於 0.5，將所有數字套入公式中，可得：

$$\frac{(1)(0.5)}{(1)(0.5)+(0.01)(0.5)} \approx 0.99$$　。

　　此結論可解釋成若一開始假設該男子為生父的機率為 0.5，
那麼已知孩子身上擁有基因，該男子為生父的條件機率即
為 0.99。另一方面，若一開始假設的事前機率 P（A）為 0.001

而非 0.5，那麼使用新的數值可得：

$$\frac{(1)(0.001)}{(1)(0.001)+(0.01)(0.999)} \approx 0.09 \qquad ,$$

　　被告男子為生父的事後機率從 0.99 降成 0.09。事前機率的重要性可見一斑。

　　在《*紐澤西性侵害案的血緣測試*》一書中，提出了一個有趣的法律案例。此案例和上述假想的問題很類似。雖然文中並未點出使用何種統計方法，但經過推敲似乎是在貝氏公式中使用 P（*A*）＝0.5 作為事前機率，目的是為了讓被告定罪。基於被告有相當大的機率為生父而宣告有罪。不過此項判決在上訴時被翻案了，因為原告使用的機率分析以（0.5）的高機率，意圖證明被告有罪。這只是在法庭中，機率或統計方法的使用不當造成反效果的一例。P（*A*）為 0.5 的事前估計，全是因為辦案人員對於真實數值的無知所造成的。我不知道這個人有沒有罪，所以各分配了 0.5 的機率。又是無差異原則在作祟——因為無知所以使用相同機率的壞習慣。如前所述，此方法沒有任何依據；機率分配應基於對模式的充分認識而非無知。在法律案件中使用貝氏定理基本上是很困難的，因為任何事前機率分配，都會被抨擊違反了被告在證明有罪前應視為無罪的基本人權。最近，《*利用統計學評估作為法庭證據的演化*》這本書，提供了一些機率與統計方法在法律界的使用情況。

✎　練習

1. 假設籃中兩球不是紅色、黑色就是綠色，機率各為 1/3。自籃中隨機取出一球發現為綠色，投返後再隨機取出一球。第二球為紅色的機率為何？黑色與綠色的機率又各為何？

2. 擲兩顆骰子一次。令 A 為「至少有一顆骰子擲出六點」，B 為「兩顆骰子總和為奇數」的事件。（a）計算 $P(A \mid B)$，（b）使用貝氏定理與（a）的答案，計算 $P(B \mid A)$。

3. 假設我非常相信氣象播報員，他說明天下雨的機率是 80%。不過，我有個朋友是個經驗老到的水手，他說假定明天會下雨，像今晚的雲相與天空的外觀出現的機率只有 10%。又假定若明天是晴天，相同雲相出現的機率是 60%。假設我很相信水手朋友的判斷，已知今晚的雲相，我對明天下雨的機率看法應為何？

4. 一名病患染上死亡機率為 50% 的疾病，救治方法包括了動手術。研究顯示 40% 的生還者動過手術，10% 的病逝者動過手術。找出若此病患動手術後存活下來的機率。

5. （回到汽車—山羊的問題。）你現在正在玩第一章的汽車—山羊遊戲，不過有個小小的改變：當大會主持人問你要不要更改選擇時，你拋擲一枚硬幣來決定。如果出現正面就更改；如果出現反面就不變。現在假設你贏得汽車，改變選擇的機率為何？

📖 第 5 章

獨立性的概念與應用

因此，對他來說，繼承到諾蘭的財產，不像他老姊那麼重視；
因為這筆財產從他們父親身上再繼承過來，可能是微薄的雞肋。

Jane Austen, Sense and Sensibility

5.1 事件的獨立性

在現實生活中，我們常碰到一組事件，其中之一的發生對另
一個事件的發生無影響力。例如拋擲硬幣一次並記錄其結果。接
下來再拋擲一次，記錄其結果，考慮以下事件

$H_1 = \{$ 第一次拋擲出現正面 $\}$ ，$H_2 = \{$ 第二次拋擲出現正面 $\}$ 。

在大部分的情況下，大部分的人都直覺認為 H_1 的發生無法
提供關於 H_2 是否發生的任何資訊。相同的道理適用於擲兩顆骰
子第二次的情況，第一次擲出七點（或其他任何點數）並不會影
響第二次擲出的點數。在這些例子中，我們可以說第二個出象與
第一個出象獨立（independent）。我們可以下列方式在數學模式

中納入獨立性的概念：已知 H_1 發生，H_2 的條件機率為：

$$P（H_2 \mid H_1）= \frac{P(H_2 \cap H_1)}{P(H_1)} \quad,$$

獨立性的直覺認知便是 H_1 的發生對 H_2 無任何影響，此條件機率應等於一般機率。若以符號來表示，

$$P（H_2 \mid H_1）= P（H_2） \quad 。 \qquad (5.1)$$

將公式 5.1 套入上述的條件機率公式左手方，並且將等式的兩邊都乘以 $P（H_1）$，便可導出獨立事件的著名乘法公式。

$$P（H_2）\cdot P（H_1）= P（H_2 \cap H_1） \quad 。$$

不符合乘法公式的事件稱為相依（*dependent*）。將獨立性的概念引入數學模式中有相當大的幫助。機率學古典理論中有許多都是在獨立性假設下完成的；直到最近才開始大量研究相依情況。

現在讓我們留意來自數學的有趣對稱性。我們之前說過因為 H_1 先發生，所以 H_2 獨立於 H_1，直覺上我們會懷疑先發生的事件是否會影響後來的事件是否發生，而不是相反的情況。不過，如果現在是已知第二次擲幣出現正面，那麼第一次出現正面的條件機率 $P（H_1 \mid H_2）$ 為何呢？使用條件機率公式估計此機率，仍假設 H_2 獨立於 H_1。可得：

$$P（H_1 \mid H_2）= \frac{P(H_1 \cap H_2)}{P(H_2)} = \frac{P(H_1)P(H_2)}{P(H_2)} = P（H_1）\quad,$$

也就是說，我們對於 H_2 獨立於 H_1 的假設，同時隱含了 H_1 獨立於 H_2，因此獨立性的概念是對稱的；只要第一個事件獨立於第二個事件，那麼第二個事件自動地獨立於第一個事件。當然，在我們的模式中，獨立或相依只是代表了條件機率是否等於原始機率，並不代表模式適用於現實生活：這到底是什麼意思？第一次擲幣會否受第二次擲幣的影響？數學家覺得這個問題實在沒什麼好擔心的。但對於哲學家或物理學家，這卻是個值得深思的問題。數學家並不會區分時間的前後方向。因爲其對稱性，我們只需說兩個事件獨立，無須約定哪一個事件爲條件事件。

現在假設第三次拋擲硬幣，事件 H_3 爲「第三次拋擲出現正面」。在 H_1、H_2、H_3 中任選兩個事件，其獨立性決定了適用的乘法公式。但三事件的獨立性概念還需要一個要素：H_3 不僅必須和 H_1 與 H_2 的發生互相獨立，同時 $H_1 \cap H_2$ 的發生也不會影響 H_3 的機率。爲了瞭解此概念，看看以下的公式：

$$P（H_1 \cap H_2 \cap H_3）= P（H_1）\cdot P（H_2 \mid H_1）\cdot P（H_3 \mid H_1 \cap H_2）。$$

$$(5.2)$$

我們在第三章的練習 5 已檢查此公式，不過此處還是簡單地予以證明。首先利用條件機率公式可得：

$$P\ (H_3\ |\ H_1 \cap H_2) = \frac{P(H_1 \cap H_2 \cap H_3)}{P(H_1 \cap H_2)}\ ,$$

接著以條件機率公式表示 $P\ (H_2\ |\ H_1)$，最後套入公式 5.2 的右手方可得：

$$P\ (H_1)\ \cdot\ \frac{P(H_1 \cap H_2)}{P(H_1)}\ \cdot\ \frac{P(H_1 \cap H_2 \cap H_3)}{P(H_1 \cap H_2)} = P\ (H_1 \cap H_2 \cap H_3)\ ,$$

因此導出關係式的左手方。所以我們證明了公式 5.2 成立。

如果我們假設公式 5.2 中的三事件滿足獨立性的直覺概念，也就是擲幣的任何出象之機率不會受到其他出象的影響，那麼就可以推論：

$$P\ (H_2\ |\ H_1) = P\ (H_2)\ \text{且}\quad P\ (H_3\ |\ H_1 \cap H_2) = P\ (H_3)\ \text{。}$$

將上述套入公式 5.2 的右手方可得三事件的乘法公式：

$$P\ (H_1 \cap H_2 \cap H_3) = P\ (H_1)\ \cdot\ P\ (H_2)\ \cdot\ P\ (H_3)\ \text{。}$$

簡單介紹了獨立性的概念後，我們現在可以對數學模式做出明確的定義。現在考慮一組序列，A_1、A_2、A_3…，也許有限也許無限。假設這組事件互相獨立，也就是說，交集的機率等於機率的乘積。舉例來說，如果 A_3、A_8、A_{41} 的機率已知，那麼

$$P\ (A_3 \cap A_8 \cap A_{41}) = P\ (A_3)\ \cdot\ P\ (A_8)\ \cdot\ P\ (A_{41})\ \text{。}$$

上述可能是模擬連續擲幣或是連續擲骰子的情況，其中 A_i 是第 i 項事件，例如第 i 次擲幣擲出正面，或第 i 次擲骰子擲出

兩點。產生獨立事件序列所需的重複行動通常稱爲獨立試驗（*independent trial*）。以上的數學定義，是在我們已知其他試驗的出象，對於任一試驗之出象欠缺資訊時模擬發生情況的正式說法。

當然，我們必須承認抽象的獨立序列，可能無法合理地模擬重複拋擲硬幣的實際情況。例如，如果我可以控制拋擲的方法以得到想要的結果，那麼試驗 2 的出象就必須視試驗 1 的出象而定。還有一派哲學觀點，認爲擲幣的實際組合有記憶性，如果出現了多次的正面，那麼之後就會出現更多的反面作爲平衡。事實上，經驗法則告訴我們情況似乎恰恰相反，因爲許多賭徒相信組合具有記憶性並因此下注，但下場卻是輸得更多。另一方面，獨立性假設的結論得到實證的廣泛支持。

5.2　等待第一次的正面出現

現在讓我們看看一連串的擲幣獨立試驗。此外，假設在每次試驗中正面出現的機率均爲 p，$p>0$，因此反面出現的機率爲 $q=1-p$。（如果 $p=0.5$，那就屬於公平情況，正面與反面出現的機率均爲 0.5。）i 爲任一正整數，考慮以下事件：

$$Ai = \{ 在第\ i\ 次試驗首次出現正面 \} \quad 。$$

我們如何計算 Ai 的機率呢？如果在第 i 次試驗首先出現正面，那就意味著之前共出現（$i-1$）次的反面。如果 $i>1$，那麼

Ai 就等於：

$$T_1 \cap \cdots T_{i-1} \cap H_i，$$

其中 *T* 代表反面，*H* 代表正面。利用獨立事件的交集乘法公式，上述交集之機率為 $q^{i-1}p$。如果 $i=1$，那麼此關係式成立，因為 $q^0 p = p = P(A_1)$。太棒了—我們剛剛使用了乘法公式找出某個出象首次出現的機率。此種事件之所以重要，乃是因為它讓我們可以將複雜的事件分解成這些簡單事件的互斥集合。舉例來說，考慮以下的事件：

H＝﹛序列中至少出現一次正面﹜

以上的事件是無限的。*H* 可以寫成事件 *Ai* 的無限聯集：

$$H = A_1 \cup A_2 \cup \cdots，\tag{5.3}$$

因為唯有至少出現一個 *Ai* 時，正面才會出現。但因為事件 *Ai* 為互斥（不可能同時在兩次不同試驗中都首次出現正面），而且就算聯集的項數無限，互斥事件的聯集機率仍是所有事件的機率加總，因此使用 P（*Ai*）的計算方法就可以得到

$$P(H) = p + qp + q^2 p + \cdots。\tag{5.4}$$

右手邊的總和稱為無窮級數（*infinite series*），如果你還記得高中數學，那麼你就會記得無窮級數中有一種幾何級數（*geometric series*）。若 $-1 < q < 1$，那麼就可以利用公式 5.4，將無窮級數的所有項目加總起來得到和。不過，將無窮級數的所

有項目加總起來有什麼意義嗎？我們現在任選一個有限的正整
數，n，並且利用公式 5.4 計算 n 的有限序列和，稱爲 S_n。因爲
我們剛剛才處理過將有限數目的項數加總的有限過程，因此這不
是個大難題。每個 n 都計算一次，當 n 越來越大時（數學家稱之
爲 n 趨近於無限），S_n 的和（若 $-1 < q < 1$）會越來越接近某個
數字，稱爲 S_n 的極限值（*limit*）。此數值定義爲無窮級數的總
和。當其他情況改變時（此處是 n 越來越大），數字越來越接近
某數值的現象，在數學領域中有相當的重要性。數學家使用收斂
（*convergence*）一詞——例如，S_n 是部分序列的加總，可說是收
斂於無窮級數的加總，因此此序列稱爲可加總的。

　　當然，不是所有的無窮級數都擁有可加總的良好特質。以下
的序列：

$$1 + 1 + 1 + \cdots$$

　　便無法加總，因爲總數無限制地越來越大，因此不會收斂於
極限值。公式 5.4 的幾何序列是可加總的，根據機率法則可導出
P（H）的值。我們如何計算幾何序列的加總？每一個幾何序列
都從首項開始（上例中爲 p），乘上固定的數字（上例中爲 q）
獲得其他項。如果幾何序列滿足 $-1 < q < 1$〔公式 5.4 滿足此要
求〕，那就可以輕易算出總和－首項除以（$1-q$）（基本的代數
課本都有此公式的證明）。因此由公式 5.4 可得：

$$\frac{p}{1-q} = \frac{p}{p} = 1 \; 。$$

此處 $p=1-q>0$ 的事實非常重要；如果 $p=0$，那麼在上述方法中分母爲 0，每個人都知道，這是數學中的大忌。

以上證明了：如果你不斷地拋擲硬幣，同時假設硬幣在每次試驗中出現正面的機率固定爲 $p>0$。在這一系列拋擲中，至少會擲出一次正面（機率爲 1）。（如果 $p=0$，那麼公式 5.4 中的序列加總爲 0，永遠都無法擲出正面。）另一個說法是餘事件「永遠擲出反面」的機率爲 0。當然，這是理論上的結論，在實務上不可能一直不斷地拋擲硬幣。但此種結論可以提供珍貴的實用資訊。雖然我不可能不斷地拋擲硬幣，但我可以擲非常多次，如 N 次。如果 N 夠大，那麼在 N 次試驗中至少出現一次正面的機率將趨近於 1；當 N 越來越大時，機率也會越來越接近 1。所以這個在實務上不可能、涉及了無限次數試驗的結論，對於真實事件卻幫助頗多。

5.3　外星生物存在的可能性

拋擲硬幣，就是機率學家所謂的伯努力試驗（*Bernoulli trial*）的一例，在由獨立試驗組成的實驗中，每次試驗都有兩個可能的出象，稱爲「成功」與「失敗」，機率各爲 p 與 $q=1-p$（這是爲了紀念誕生數名偉大數學家的伯努力家族中的 *James Bernoulli*）。如果出現正面被視爲成功、反面爲失敗，那麼拋擲硬幣便符合伯努力試驗，許多其他的情況也符合。例如，生產皮圈的機器也可能有兩種結果，好的皮圈與有瑕疵的皮圈，因此符

合伯努力模式。同樣的，當個人接觸病菌時，可能會也可能不會患病；擲兩顆骰子可能會也可能不會出現七點；懷孕可能生男孩也可能生女孩；以上都是伯努力模式的例子。現在我們回到 5.2 節並研究該節證明的論點：在成功機率 $p>1$ 的伯努力試驗的無窮級數中，至少成功一次的機率為 1（只要將文中的正面與反面，改成成功與失敗。）

我們現在想問：在固定 N 次的試驗中，至少成功一次的機率為何？在上節，我們發現在無窮級數中至少成功一次的機率為 1（若 $p>0$）。現在的問題更簡單了——我們只要加總公式 5.4 的前 N 項，就可以導出 P（S_N）。「在 N 次試驗中至少成功一次」的事件，可由以下的有限聯集表示而非公式 5.3 的無限聯集：

$$A_1 \cup A_2 \cup \cdots \cup A_N$$

現在將 A_i 解釋為「在第 i 次試驗首次成功」而不是「在第 i 次試驗首次出現正面」。因此答案為：

$$p + pq + \cdots + pq^{N-1} = \frac{p - pq^N}{1 - q} = 1 - q^N$$

是公式 5.4 個有限版本。根據基本的代數你應該知道如何加總有限幾何序列。

利用另一個無須加總序列、有點狡猾的方法導出結論，具有相當的啟發性。現在讓我們找出 N 次試驗中都不成功的機率，也就是每個試驗結果都失敗的機率；利用乘法公式可算出此機率為

q^N。在 N 次試驗中都不成功的事件之餘事件就是至少有一次成功，因此根據餘事件公式可得機率為 $1-q^N$，和上述答案相同。當 N 很大時，至少成功一次的機率趨近於 1，意味著如果 N 很大，那麼有限序列的加總近似於公式 5.4 中無窮級數的加總。在上節末可觀察到相同情形。

　　根據許多科學家的看法，地球不太可能是宇宙中唯一存在著有智慧生物的星球。支持此論點的看法如下：在宇宙中有非常非常多的星球（但不是無限數字）。若各個系統，如同我們所在的太陽系，都符合伯努力試驗；令有智慧生物存在為成功，否則為失敗。假設這些伯努力試驗彼此獨立，成功機率各為 p。任一系統存在智慧生物的機率，p，或許非常低，不過仍為正數。現在若系統數目 N 非常大，但不包括我們的太陽系。那麼上述的說法隱含了至少有一個系統存在有智慧生物的機率為 $1-q^N$，當 N 很大時此機率趨近於 1。當然，此論點需視你是否願意將伯努力獨立事件模式應用至行星系統而定。

5.4　猴子與打字機

　　猴子與打字機，或許是機率學中最著名的故事。內容如下：讓一隻猴子坐在打字機前，讓牠在無限的獨立試驗中，不斷地隨機敲擊按鍵。因此將產生永無止盡的隨機選擇字母。故事的結論是，猴子最終一定會打出完整的莎士比亞大作，也就是說，機率必為 1。在本節，如果你以正確的角度來看這個問題，我就可以

讓你相信此論點的真實性與合理性。這只是機率學模式的主張，並不是一隻活生生的猴子與打字機。真正的猴子會不斷地動來動去——這個小東西很快就會厭煩、把打字機摔到地上、開始尋找香蕉。

　　或許我們應該把故事內容改成把猴子放在文書處理器之前，這麼一來就不用擔心誰要負責把紙送進打字機裡。現在假設鍵盤上共有 M 個按鍵，猴子在每次試驗中按任一按鍵的機率均為 M^{-1}。接下來我們必須決定特定順序的字母作為莎士比亞大作的內容。換句話說，莎士比亞的大作對我們而言，便是在閱讀時，以特定順序呈現所有劇本與十四行詩的一連串字母。現在莎士比亞的大作的字母總數變成了有限數字，T。想像猴子總共打了 T 個字。若要猴子打出莎士比亞的大作，那麼每次試驗都必須在鍵盤上打出正確的字母。但在每次試驗中打出正確字母的機率是 M^{-1}。根據獨立性原則，在 T 次試驗中，每次都打對字母的機率是 M^{-T}（打出所有正確字母，就等於所有事件的交集，因此其機率為個別機率的乘積）。此處的重點是，儘管 M^{-T} 是非常非常小的數字，但仍為正整數；我們稱其為 a。

　　現在我們觀察猴子打字，選定某一個試驗作為第一項試驗，觀察猴子第一輪的 T 次試驗。在第一輪的 T 次試驗中，我可以判斷猴子是否打出了莎士比亞的大作（當然，你知道只要猴子打錯一個字母，該輪試驗就是失敗的）。每個字母都必須正確才算是成功；只要有一個字母錯誤，就算猴子正確打出了哈姆雷特四個字，還是算失敗。現在假設若莎士比亞的大作出現了，那麼第一

輪的 T 次試驗就算成功，否則就算失敗。因此在第一輪的 T 次試驗中成功的機率爲 $a>0$，失敗的機率爲 $1-a$。

　　猴子當然會不停地打字，所以又可以觀察到從 $T+1$ 到 $2T$ 的試驗，第二輪的 T 次試驗就在第一輪 T 次試驗之後。第二輪的 T 次試驗是由每次試驗中敲擊正確鍵盤機率爲 M^1 的獨立事件所組成，因此這部分的成功機率亦爲 a（也就是自 $T+1$ 至 $2T$ 的試驗中，莎士比亞大作出現的機率爲 a。）

　　持續此過程，接下來是自 $2T+1$ 至 $3T$ 的試驗；成功機率亦爲 a。因此猴子產生了無窮試驗序列，我們將其分解成不重疊的輪，每一輪有 T 次試驗，我們要觀察各輪是否成功。第 i 輪自（$i-1$）$T+1$ 至 iT。定義以下事件爲：

$$S_i=\{在第\ i\ 輪成功\}。$$

　　S_i 事件互相獨立。事實上，當 $i\neq j$，第 i 輪的試驗就不會和第 j 輪的試驗重疊。因爲個別的試驗組成獨立的序列，因此這些輪互相獨立在直覺上是合理的：某一輪的情況爲何，無法提供另一輪發生情況的資訊（此直覺的數學證明需要以獨立性定義爲基礎、證明乘法公式的量化模式）。一旦接受了 S_i 的獨立性，我們便向前跨出了一大步，現在問題就類似前述的其他問題。每一輪都可以視爲單一的伯努力試驗，第 i 輪也就是事件 S_i，成功機率爲 a，因此第 5.2 節導出關於等待時間的公式，可以用來證明猴子終將成功的確定性。現在更詳細地說明，在第 i 輪首次成功的機率爲（$1-a$）$^{i-1}\times a$，因爲之前（$i-1$）的部分都失敗了，而 S_i

互相獨立。令 S 為至少有一個部分成功的事件，也就是至少有一個部分會出現莎士比亞大作。S 是由第 i 輪出現首次成功所定義之事件的互斥聯集（類似於公式 5.3），因此 P（S）為

$$a+（1-a）a+（1-a）^2 a+\cdots$$

〔類似於公式 5.4〕。因為 $a>0$，所以此幾何序列的和為 1，這也是以上想要證明的——猴子最終可以打出莎士比亞大作的確定性。

我們可以用稍微不同的方法導出答案。如果在 N 輪中都失敗了，也就是類似於第 5.3 節的情況。N 次失敗的機率為 $(1-a)^N$。當 N 很大時，此機率近似於 0，因此在 N 次試驗中至少有一次成功的機率相當大；也就是說，當試驗次數增加時，至少成功一次的機率趨近於 1。也就是說 P（S）=1。

如果你覺得實在無法相信猴子最終會打出莎士比亞的大作，現在告訴你一件更嚇人的事：理論證明猴子不只是可以正確打出莎士比亞作品，而且會出現非常多次。不過，當你明瞭單單是正確打出莎士比亞作品一次需要耗時多久以後，或許就不會那麼驚訝了。極有可能大於太陽存續的時間，屆時我們可能就要把猴子跟設備移往其他星球了。

5.5　稀有事件的確發生

猴子可以打出莎士比亞大作的論點可能讓人捧腹大笑，但它

卻隱含了重要的寓意：稀有事件的確會發生。稀有事件，也就是
發生機率極小的事件；用來證明猴子最終可以成功打出莎士比亞
大作的論點，也可以用來證明任何稀有事件最終都會發生，只要
實驗可以不斷地重複。需要等多久呢？在第七章中證明，若成功
機率為 p，那麼在伯努力試驗中，大約要等待 p^{-1} 次試驗後，才
會出現第一次的成功。因此我們可以估計等待猴子成功的時間，
如前所述，這是在太陽系存續期間內無法看見的。但有些稀有事
件不是這麼極端，使得機率模式可以更貼近現實生活。

舉例來說，假設喜巴拉的玩家連續擲出十次的七點，這可真
是驚人的好運，或許你會質疑遊戲的隨機性——有人耍老千。畢
竟，連續擲出十次七點的機率等於 $l = 1.6 \times 10^{-8}$，這是相當小的
數字。不過，根據機率理論，在完全公平的隨機模式中，此種情
況偶爾還是會發生。事實上，平均等待時間約為 625 百萬次的試
驗。由此觀點，若以全球各地所有的骰子台為基礎，連續出現十
次的七點或許就不會讓人那麼吃驚了。

一般說來，如果觀察到稀有事件發生，那麼很有可能是模式
出錯或是隨機波動的影響。需要進一步研究以決定是何種可能
性。以下是來自公共醫療領域的例子。在女性人口中乳癌的罹患
機率，可提供此疾病在各種群體中屬於何種分配的估計。假設現
在在特定族群中觀察到高比例的案例，也就是說，在該族群中罹
患乳癌的機率，高於根據預估分配推測的數值。對此預估分配而
言，此族群包含了稀有事件。此族群是否有特定的環境或其他因
素，或者只是隨機波動呢？諸如此類的疑問不停的發生，而且通

常難以回答。必須進行仔細的研究以決定是否有任何因素促使此族群較一般人口更易罹患乳癌。如果有的話，那麼標準模式與分配便不適用於此族群，也就是不尋常觀察值發生的原因了。另一方面，標準模式可能仍是正確的，只不過我們觀察到了稀有事件。

5.6　稀有事件 vs 異常事件

假設現在拋擲一枚公平硬幣 100 次，其中正面與反面交錯出現，此種分配並不會吸引我們的目光，姑且稱之為序列 1。假設現在我們再拋擲硬幣 100 次，每次都出現正面，稱為序列 2。我們對於序列 2 感到非常訝異。此處似乎有點自相矛盾，因為被視為無趣的序列 1，與令人感到訝異的序列 2，發生的機率均為 2^{-100}。為什麼我們會這麼驚訝呢？

如果事件的確是會發生的，那麼機率小並不會讓此事件與眾不同。當你拋擲硬幣 100 次時，一定會得到某個序列，不論哪一個的出現機率都是 2^{-100}。不過序列 2 有一些特殊之處，使它與序列 1 非常不同。當我們在獨立試驗中拋擲公平硬幣時，我們預期正面和反面出現的次數應該差不多。序列 2 和此預期背道而馳，所以我們難以認同此序列是拋擲公平硬幣的出象。事實上，當我們在第 15 章討論統計推論時，若序列 2 出現，那麼我們應該強烈懷疑產生此出象的硬幣是否真正公平。現在假設序列 1 以隨機、無趣的方式出現 55 個正面與 45 個反面。假設序列 2 的正面與反面次數與序列 1 相同，但前 55 次均為正面，後 45 次均為反

面——這也會讓我們非常驚訝。所以雖然這一次序列 2 的正面與反面次數合理，但其排列的模式卻缺少與拋擲公平硬幣相關的隨機性，這一點使得序列 2 異常。

所以我們知道稀有事件本身並不令人意外，需視整體環境而定。不過有時意外效果是人為的，如下所示：我們回到序列 1，也就是拋擲一枚公平硬幣 100 次的一般序列。但現在假設在擲幣之前，我告訴你如果序列 1 出現你可以得到 $ 2^{100}$，若為其他情況則需支付 $ 5。現在假設序列 1 的確出現；那你可就樂透了。因為我們全心全意地期待著序列 1，害怕其他許許多多的可能序列，所以現在序列 1 變的令人驚喜。所以雖然序列 1 出現的機率，和拋擲一枚公平硬幣 100 次所得的其他所有序列一般，但因為人為的因素，序列 1 卻變成了特殊、異常的事件。

✎ 練習

1. Chloe 有兩枚硬幣。A 為公平硬幣，正面與反面出現機率各為 1 / 2，但 B 為動過手腳的硬幣，正面出現機率為 1 / 3。Chloe 在獨立試驗中，先拋擲硬幣 A 再拋擲 B，接著記錄結果。描述樣本空間，並計算各出象的機率。計算「至少出現一次正面」與「至少出現一次反面」的機率。

2. 有台機器製造布偶娃娃，平均說來，每生產 1,000 個娃娃會出現一個瑕疵品，其過程符合伯努力試驗。假設機器日以繼夜地

生產，計算（a）在第 100 次試驗後出現瑕疵品的機率，（b）第一個布偶為瑕疵品，之後所有的布偶都為良品的機率，（c）在 100 萬次試驗後，至少產生一個瑕疵品的機率。

3. 思考以下的看法：「如果你在相同條件下，不斷地玩樂透獎，最後一定會贏，因為贏得彩金的機率為正。」討論此看法的合理性。

4. （回到汽車－山羊的問題。）現在連續玩兩次汽車－山羊遊戲，兩遊戲獨立。第一次沒有轉換，第二次卻轉換了。贏得兩隻山羊的機率為何？贏得兩部汽車的機率為何？

5. 在 Ringo 開車上班的途中總共會經過三個紅綠燈。他留意到有 1／4 的機會三個均為綠燈、1／4 的機會第一個為綠燈其餘兩個紅燈、有 1／4 的機會第二個為綠燈其餘兩個為紅燈、有 1／4 的機會第三個為綠燈其餘兩個為紅燈。（a）描述當 Ringo 開到路口時，各種可能燈號的樣本空間，（b）令 F、S 與 T 為「第一個燈為紅燈」、「第二個燈為紅燈」與「第三個燈為紅燈」的事件。計算 F、S 與 T 的機率，以及 $F \cap S$、$F \cap T$、$S \cap T$ 與 $F \cap S \cap T$ 等事件的機率。由上可知雖然這三個事件中任兩事件為獨立事件，但 F、S 與 T 卻不獨立。

📖 第6章

遊戲淺談

　　在賭博中，你一定不能做的一件事情是，視某事物必然如何如何。

John Scarne, Scarne's Guide to Casino Gambling

6.1　得分的問題

　　本章將討論一些遊戲，並且將延續至下一章。由 Pascal 與 Fermat 所解出的第一個問題，可以回溯至機率成為正式理論的初期，內容如下：假設有兩個人正在玩遊戲，贏家最終可以獲得所有獎金。如果遊戲在任一方勝出之前被迫結束，獎金應如何分配呢？Pascal 提出的理論，認為彩金應按已知遊戲被迫結束，但如果遊戲繼續下去雙方獲勝的條件機率之比例來劃分。例如，假設遊戲由符合伯努力試驗的序列所組成，其中 A 得分的機率為 p（成功）而 B 得分的機率為 $1-p$（失敗），若要獲勝必須得到 n 分。我們毋須導出正式公式，只要找出當 A 的得分為 $n-1$，B 的得分為 $n-2$ 時的解決方法。A 需要再得一分，B 需要再得兩分。

如果此時遊戲繼續下去，A 獲勝的方法有兩種：（1）A 取得下一分，（2）B 取得下一分，A 再取得下下一分。因此 A 勝出的條件機率為 $p+p(1-p)$。若 $p=1-p=0.5$，彩金為 \$100，那麼根據 Pascal 的原則，A 應得到 \$75，B 得到 \$25。

6.2　喜巴拉

喜巴拉（*crap*）遊戲的玩法是利用兩顆骰子，玩家（有時稱為 *shooter*）先擲骰子一次，如果擲出 7 點或 11 點就贏了，如果擲出 2、3 或 12 點就輸了。若是其他數字，則稱為玩家的「點數，*point*」。玩家之後必須繼續擲骰子，若在其點數出現以前擲出七點，玩家輸，若在七點出現以前擲出玩家的點數就贏了。在現實生活的擲骰子遊戲中，除了玩家以外，還會有許多人押注玩家是否會贏。

我們想要計算「賭徒贏得賭局」的機率。這是個值得分析的有趣遊戲，因為樣本空間相當複雜。樣本空間的典型要素可以表示為 $(x_1, x_2, x_3, \cdots, x_n)$，代表擲骰子 n 次，x_i 代表第 i 次出現的點數，而擲骰子 n 次後遊戲結束。根據此敘述，樣本空間中最簡單的要素可以是：（7）、（11）、（2）、（3）與（12）。假設第一次擲出 4 點；4 成了賭徒的點數。樣本空間的要素變成 $(4, x_2, x_3, \cdots, x_n)$，其中 x_n 不是 7 點就是 4 點，而從 x_2 到 x_{n-1} 項不得為 7 點或 4 點。這些要素的集合可以被描述為「第一次擲出四點，遊戲在第 n 次結束」。現在讓我們計算「第一次擲

出四點，賭徒在第 n 次贏錢」的機率。為了讓此事件發生，樣本空間必須為（4，x，x，$\cdots$，x，4），第 n 項必須為 4，而在頭尾兩個 4 之間的 $(n-2)$ 項不得為 7 點或 4 點。利用兩顆骰子擲出 4 點的機率為 4／36，因此最初擲出四點與最終擲出四點的機率各為 4／36。其餘的 $(n-2)$ 項之機率為 27／36，這是因為 36 個出象中排除了 9 個可能（七點有六種可能，四點有三種可能）。已知擲骰子為獨立試驗，所以利用乘法公式可得：

$$P（第一次擲出四點，而賭徒在第 n 次贏錢）= \left(\frac{3}{36}\right)^2 \times \left(\frac{27}{36}\right)^{n-2},$$

$$n \geq 2 。$$

現在假設我們想要找出事件「第一次擲出四點，賭徒最後贏錢」的機率。此事件是賭徒在第 n 次贏錢，$n=2$，3，4，$\cdots$等事件的互斥聯集。在這方面我們已經可以自稱專家了。〔如果你不覺得自己已經很熟練了，那就應該回顧第五章的 5.3 與 5.4 節〕加總幾何序列後可得：

P （第一次擲出四點，而賭徒在之後贏錢）　　　（6.1）

$$= \left(\frac{3}{36}\right)^2 \times \left(1 + \frac{27}{36} + \left(\frac{27}{36}\right)^2 + \cdots\right) = \frac{1}{36} 。$$

上述推論顯示了解決原始問題的模式：以上述方法，計算每

一個可能點數的贏錢機率。將這些數值加總,再加上一開始擲出 7
或 11 點而贏錢的機率,就可以算出贏錢的總機率。現在依序算
出各點數的機率,就可以得到類似於公式 6.1 的結果。有三種可
能擲出 10 點,如同 4 點,因此公式 6.1 右手邊的數字相同,總和
亦為 1 / 36。擲出 5 點或 9 點分別有 4 種可能,因此為:

$$\left(\frac{4}{36}\right)^2 \times \left(\frac{26}{36}\right)^{n-2} \quad ,$$

總和為 2 / 45。最後,擲出 6 點與 8 點各有五種可能,利用
公式 6.1 可得:

$$\left(\frac{5}{36}\right)^2 \times \left(\frac{25}{36}\right)^{n-2} \quad ,$$

總和為 25 / 396。在第一次擲出 7 或 11 點而贏錢的機率
是 8 / 36(有六種可能擲出 7 點、兩種可能擲出 11 點)。因此在
喜巴拉遊戲中贏錢的機率為:

$$\left(\frac{8}{36}\right) + 2 \times \left(\frac{1}{36}\right) + 2 \times \left(\frac{2}{45}\right) + 2 \times \left(\frac{25}{396}\right) = 0.492927\cdots 。$$

_6.3_ 輪盤

輪盤或許是最迷人的賭場遊戲了;我們都在電影中看過轉動
的閃亮輪盤與目不轉睛的玩家。以下是美式輪盤的基本介紹。將

輪盤分成 38 個大小相同的溝槽。其中 36 個標上自 1 到 36 的號碼，18 個為紅色，18 個為黑色。其餘兩個為綠色，標上 0 與 00 兩數字。莊家轉動輪盤，並且將球丟進輪盤中。球速慢慢減緩，最後掉進輪盤上 38 個溝槽中的一個。對於球歸何處可以下各種賭注，例如紅或黑、奇數或偶數、任何特定的號碼、或押小（從 1 到 18 的數字）或押大（從 19 到 36 的數字）。輪盤的數學概念相當簡單。以下是一些計算。

P（紅色）＝ P（黑色）＝ P（奇數）＝ P（偶數）＝ 18 / 38 ≈ 0.474，

P（任一特定數字）＝ 1 / 38 ≈ 0.026。

6.4　賠率為何？

賭徒不太可能使用如事件機率的術語。他們通常使用賠率（*odds*）這個字，也就是不利事件與有利事件出現的比例。在擲骰子的遊戲中，在 36 種出象中，出現七點的有 6 種，不出現七點的不利事件共有 30 種。因此擲兩顆骰子一次出現七點的賠率為 5：1。出現蛇眼（兩點）的賠率為 35：1。在輪盤中，特定數字出現的賠率為 37：1。如果某事件的賠率為 i：1，那就代表如果你贏得賭局，每押 $1 可以得到 $$i$。

當然，賭場中的報酬並不符合公平遊戲；玩家的獲利總是有點少。在喜巴拉遊戲中，玩家的賠率約為 1.028：1（將 6.2 節的贏錢機率解釋成相對次數，代表在 1,000 場遊戲中，玩家大約贏

得 493 場），但報酬卻是相同的，也就是每押 $1 得到 $1。在輪盤遊戲中，如果你押 $1 在特定數字，押對了賭場只會給你 $35，而不是根據實際賠率的 $37。換句話說，他們給你的報酬乃是假設輪盤上只有 36 個數字。我們可以說，在輪盤遊戲中，35：1 是報酬率，而不是實際賠率。

在下一章，當我們介紹了隨機變數與期望值的重要概念後，會更深入地討論遊戲。公平遊戲提供公平的賠率與報酬。所有的賭場遊戲都是不公平的，對賭徒不利的同時也給了賭場優勢，讓賭場利用機率法則在長期獲利。舉例來說，輪盤中的兩個綠色溝槽給了賭場優勢。有時候賭徒想要得到關於遊戲的額外資訊以減少賭場的優勢，因此增加賭徒贏錢的條件機率—詳情請見 7.6 節。

✎ 練習

1. 假設你在為期四天的假期中，每天玩一場喜巴拉遊戲。找出四場遊戲中至少贏一場的機率。

2. 假設遊戲是符合伯努力試驗的序列，其中對手和你各有 1／3、2／3 的機率取得點數，先得到 21 點的人贏錢。贏家的獎金有 $100。如果遊戲被迫提前結束，此時你有 18 點，對手有 20 點，使用 Pascal 原則計算獎金如何分配。

3. 在擲兩顆骰子一次的遊戲中，擲出蛇眼的賠率為何？在拋擲一枚公平硬幣三次的遊戲中，至少擲出一次正面的賠率為何？

4. 籃中有四顆紅球與一顆黑球。隨機取出一球後投返、隨機取出第二球再投返，一直繼續到你首次取出與第一球顏色相同的球。找出當你取出黑球時結束遊戲的機率。找出當你取出黑球，但需要自籃中再取球三次才能結束遊戲的機率。

5. 安娜正在玩輪盤遊戲，球落在紅色七點所以她贏了。在下一次紅色七點出現以前，只出現紅色數字的機率為何？

6. 你的賭徒朋友手上有三張卡片。每張卡片在兩邊都有作記號。一張卡在兩邊有個紅點，一張卡在兩邊有黑點，第三張卡在一邊有紅點、另一邊有黑點。隨機取出一張卡，而且只能看到卡的一邊。假設看到的是紅點，另一邊可能是紅點或黑點。他想要押注在另一邊為紅點。這是合理的賭注嗎？

📖 **第7章**

隨機變數、期望值與遊戲

當傲慢的期望壓倒謊言時，
莊嚴的卑躬屈膝就像一件有罪的事。

William Wordsworth, from Sonnet 21

7.1　隨機變數

　　假設我們在獨立試驗中拋擲一枚硬幣三次，每次試驗出現正面的機率爲 p。平均說來，我們可以預期出現多少次正面？現在這個問題的定義並不明確，所謂「平均」或「預期」是什麼意思？對這個問題我們只有模糊的概念。拋擲一枚硬幣三次總是會出現 0 到 3 次的正面，因此答案便介於這個區間。讓這個問題明確的第一個步驟是定義隨機變數（*random variable*）。隨機變數是分配給樣本空間中各個出象的特定數字。（數學家通常稱 之爲函數。）例如，在上述擲幣三次的實驗中，令 $X=$ 擲出正面的總數。下表顯示八個可能出象中 X 的值。

（H、H、H）	→	3	（H、H、T） → 2	
（H、T、H）	→	2	（H、T、T） → 1	
（T、H、H）	→	2	（T、H、T） → 1	
（T、T、H）	→	1	（T、T、T） → 0	

箭頭右方的數字就是出現正面的次數；也就是分配個各個出象的特定數字。

隨機變數的分配（*distribution*）就是各個可能的 X 值和其對應機率的列表。我們可以利用上述拋擲硬幣的獨立試驗與出現正面的機率 p，依據上表計算可能 X 值的分配。例如，正好出現兩次正面的機率為 $p^2(1-p)$，共有三種出象，因此 $X=2$ 的機率為 $3p^2(1-p)$。X 的分配可以寫成：

$$P（X=0）=（1-p）^3 \qquad P（X=1）=3p（1-p）^2$$

$$P（X=2）=3p^2(1-p) \qquad P（X=3）=p^3$$

以下是隨機變數的另一個例子。現在假設我是喜巴拉賭局的玩家，賭場和我的下注金額相同；也就是說，如果我輸了就要付 n 給賭場，如果賭場輸了則要付 n 給我（見第六章）。為了簡化問題，假設賭注金額為 $1。令 $X=$ 玩了一局後我贏得的錢。X 可能為 1 或 -1（輸錢以 -1 來表示）。令贏得喜巴拉的機率為 0.493，因此 X 的分配為 $P(X=1)=0.493$，$P(X=-1)=0.507$。

上述兩個例子為離散隨機變數，也就是說，隨機變數的機率空間是不連續的。此種隨機變數的可能數值有限，既使是無限的

可能數值，也可以用正整數表示。離散隨機變數具有無限數值的例子就是令 $X=$ 在伯努力試驗序列中第一次的成功。事件 $X=i$ 意味著之前的（$i-1$）次實驗都失敗，第 i 次才成功。此事件的機率也就是 P（$X=i$）的機率，第 5.2 節已計算過了（成功就是出現正面），其值為 $q^{i-1}p$（p 是成功機率而 $q=1-p=$ 失敗機率，此後當我們提到伯努力試驗時，p、q 均將沿用此定義）。X 分配稱為幾何分配，因為機率 $q^{i-1}p$ 是以幾何級數表示。

任何關於 X 數值的敘述，都是為了描述樣本空間中的事件。在上例中，$X>0$ 對應於「至少出現一次正面」的事件。此事件和 $X>0$ 有相同的機率；可以直接從樣本空間或是透過 X 分配來計算：P（$X>0$）$=1-$ P（$X=0$）。同時，隨機變數所有可能數值的機率加總必為 1，這是因為樣本空間中的所有出象，都對應了某個隨機變數值。加總所有可能數值的機率和加總所有出象的機率，會產生相同的結果。

7.2　二項式隨機變數

上述的隨機變數，是針對拋擲硬幣三次，並且將變數定義為正面出現的總次數。不過隨機變數通常定義為 X$=n$ 次伯努力試驗中成功的總次數。每次試驗都有兩種可能結果，典型的出象是（x_1，x_2，$\cdots$，x_n），其中 x_i 不是 S（成功）就是 F（失敗）。共有多少出象呢？根據計數原則，將 2 連乘 n 次得到 2^n 個出象。現在讓我們計算 P（$X=i$），也就是在 n 次試驗中成功 i 次的機率。

利用獨立性乘法公式，任何成功 i 次、失敗（$n-i$）次的出象機率必爲 $p^i q^{n-i}$。所以只要我們知道有多少個出象成功 i 次，就可以利用乘法計算機率。此種出象的數目，就是 S 出現 i 次、F 出現（$n-i$）的所有不同的排列方法之總數。計算方法類似於第二章。現在假設手邊有 n 個字母，要依序輸入 n 個空格中，第一格有 n 種輸入方法、第二格有（$n-i$）種方法，以此類推，所以若這 n 字母都不同的話，總共有 $1 \cdot 2 \cdot 3 \cdot \cdots \cdot n$ 種方法，在數學上的表示爲 $n!$。但在本例中 F 和 S 不斷重複出現，根本無法區分前一個 S 和後一個 S 有何不同；況且算出的 $n!$ 實在太大了，因此我們必須除以一個代表 F 與 S 重複出現的分母。S 有 $i!$ 種排列方法（將 S 視爲不同的符號；因此若填入 i 個空格共有 $i!$ 種不同方法），F 共有（$n-i$）！種方法，因此產生下列公式：

$$i 個 S 與（n-i）個 F 在 n 個空格的排列總數 = \frac{n!}{i!(n-i)!}$$

公式的右手方可寫成 $C_{n,i}$。這是在 n 個目標中選出 i 個的所有方法。此公式出現在我們的計算過程中是相當自然的，因爲 S 與 F 每種不同的排列方式，都是在 n 個空格中、挑出 i 個填入 S。因此 X 分配等於：

$$P(X=i) = \frac{n!}{i!(n-i)!} \cdot p^i q^{n-i}$$

以上稱爲二項式分配（binomial distribution），由兩個參數

（參數就是其值可以決定分配的變數）決定－試驗次數 n 與成功機率 p。若 $n=3$，那麼公式就等於第 7.1 節中，拋值硬幣三次後正面出現總次數之分配。

7.3　Chuck-a-luck 遊戲與骰子的 de Méré 問題

　　Chuck-a-luck 遊戲需要三顆骰子。賭徒押注於 1 到 6 的數字之一。此數字可能出現零次、一次、兩次、三次；出現 i 次，賭徒就得到 \$$i$。假設骰子獨立，所以每個骰子都符合伯努力實驗。成功機率爲 1／6，隨機變數 X 定義爲押注數字出現 i 次時支付的金額，因此 X 符合二項式分配，$n=3$，$p=1／6$。X 分配爲：

$$P（X=i）=C_{3,i}（\frac{1}{6}）^i（\frac{5}{6}）^{3-i}$$

　　現在我們轉向引起此理論之發展的問題。在機率學的歷史上，Chevalier de Méré 擁有一席之地，但這不是因爲他解決了什麼重要的難題，而是他在 1654 年吸引 Pascal 的目光於第六章中討論的重點。他也要求 Pascal 回答一個關於骰子的問題。在當時，賭場中有一個相當受歡迎的遊戲，令賭徒連續擲一顆骰子四次，賭場押注於其中至少出現一次六點。每次擲骰子都符合伯努力試驗，成功機率等於擲出六點的機率，1／6。根據二項式分配，

$$P（擲骰子四次皆未擲出六點）=（\frac{5}{6}）^4$$

因此，

$$P（擲骰子四次至少出現一次六點）=1-（\frac{5}{6}）^4=0.517\cdots，$$

　　因此賭場佔有優勢。根據一份歷史悠久的賭徒手則，既然在連擲骰子四次中、至少擲出一次六點的賭局對賭場較有利，那麼若連擲兩顆骰子二十四次、兩顆骰子同時出現六點至少一次的賭局對賭場還是較為有利。因為擲兩顆骰子的可能結果，是擲一顆骰子的六倍，6×4＝24，所以擲一顆骰子四次等於擲兩顆骰子二十四次。但 Méré 不相信擲兩顆骰子的賭局對賭場仍較為有利。有些人覺得他的這份質疑是因為輸了許多錢，其他人則認為他透過推理得到此結論。對於這兩種解釋有許多的爭論。一方面，他必須賭非常多局，才能得到足夠的資料區分這兩個極為相近的機率。另一方面，在 1654 年對於機率的計算認識並不深。所以 Méré 最初是如何留意到這個問題仍是不解之謎，不過他還是發現了並且向 Pascal 提出質疑，後者則解出這個問題。對現在的我們而言，問題很簡單。擲一對符合伯努力試驗的骰子，令出現兩個六點的機率為成功事件。成功機率為 1／36，利用二項式分配，我們知道：

$$P（在 24 次實驗中都未出現兩個六點）＝（\frac{35}{36}）^{24}$$

　　右手邊的答案是 0.509，意味著至少出現一次兩個六點的機率接近 0.491，證實了 Méré 的質疑，兩顆骰子的遊戲對賭場並非較有利。

7.4　隨機變數的期望值

　　現在我們準備好介紹一個非常重要的概念——隨機變數之期望值。不過首先，我們僅討論離散隨機變數的期望值。因為隨機變數一般有相當多的數值，如果有個數字可以代表這些數值的平均值，那是多麼令人高興的事啊！將所有數值相加後除以數值的數目，就可以得到一般的算術平均數。因為對於隨機變數而言，重點在於分配（也就是關於各數值的機率資訊）而非數值本身，此種平均方法並不適合。舉例來說，一隨機變數有兩個可能的數值，100 與 0，機率各為 0.99 與 0.01。算術平均數為 50，但利用機率算出的可能值為 100。若改變分配為 100 與 0 的機率各為 0.01 與 0.99，可能值變成 0。我們現在需要的是導出可能值的方法：將機率視為加權值，計算加權平均。這代表機率較大的數值較為重要。假設一離散隨機變數 X 的分配為 $P（X＝a_i）＝p_i$，各個可能數值 a_i 的機率為 p_i。X 的期望值，EX，為：

$$EX＝a_1 \cdot p_1＋a_2 \cdot p_2＋\cdots,$$

　　此級數視 X 的可能數值有限或無限,而爲有限或無窮級數
(若 X 的可能數值無限,那麼此級數可能因爲無法加總使得期望
值不存在)。換句話說,若要計算離散隨機變數的期望值,僅需
將各個可能數值乘上其機率,加總後就是答案了。X 的期望值有
時稱爲平均數(*mean*)。此處對於平均數一詞的使用,必須和計
算觀察值之算術平均數的統計學用途加以區分。觀察值或資料的
算術平均數,屬於樣本平均數(*sample mean*,見第十二章末與第
十五章);所以我們通常稱此處使用的平均數爲母體平均數
(*population mean*)以作區隔。

　　有了期望值的定義,現在我們可以回到本章一開始的問題,
計算第 7.1 節之例的隨機變數 X 之期望值找出答案。使用 X 的分
配,根據期望值的定義可得:

$$EX = 0(1-p)^3 + 1 \cdot 3p(1-p)^2 + 2 \cdot 3p^2(1-p) + 3p^3 = 3p,$$

　　如果硬幣公平,那麼 $EX=$(3)(0.5)=1.5。所以若硬幣
公平,那麼拋擲三次中應有 1.5 次爲正面。注意,隨機變數的期
望值不一定是可能數值。真正拋擲硬幣時不可能產生 1.5 次的正
面;這只是我們定義的一個數值。同樣的,若定義 X 爲第二例中
的喜巴拉遊戲之戰果:

$$EX = 1 \cdot (0.493) + (-1) \times (0.507) = -0.014$$

　　此隨機變數的期望值爲負,因此在每一場賭局中預期將損失
1.5 分。

　　現在讓我們研究幾何分配的變數 X。X 評估在伯努力試驗

中，等待第一次成功花費的時間。利用上節的分配；

$$EX = 1 \cdot p + 2 \cdot qp + 3q^2p + \cdots + i \cdot q^{i-1}p + \cdots \qquad (7.1)$$

屬於無窮級數，而且不是簡單的幾何級數，我們甚至不知道此級數可否加總。不過別擔心，公式 7.1 的右手方屬於可加總的級數，可以利用微積分計算其總數。開始緊張了嗎？別害怕，我們可以運用一些小技巧、不費吹灰之力就可以算出加總（如果你同意暫且拋開嚴格的推理過程）。令 X^* 為第一次試驗後，等待第一次成功所花費的時間。

$$X = \begin{cases} 1, & \text{如果第一次成功} \\ 1 + X^*, & \text{如果第一次失敗} \end{cases}$$

現在，假設 X 的期望值為各個可能性乘上其對應機率的總和相當合理。因此：

$$EX = 1 \cdot p + (1 + EX^*) \cdot q$$

但 X^* 亦屬於隨機變數 X，因此擁有相同的分配，所以有相同的期望值。因此：

$$EX = p + q + qEX = 1 + qEX,$$

可導出 $EX = (1-q)^{-1} = p^{-1}$，一個充滿吸引力的完美答案。在第一次成功出現以前的預期試驗數目，就是成功機率的倒數。若成功機率為 1 / 1000，那麼 1000 次的試驗中大約有一次成功，或者我們也可以預期在第 1000 次的試驗後會首次成功。一般說

來，如果成功機率相當低，那就要等待相當長的時間；相反地，
如果成功機率很大，那麼平均等待時間就很短。如果 $p=0.5$，大
約需要兩次的試驗就可以產生第一次的成功。

　　在上述討論中，我們留意到因為隨機變數 X 與 X^* 擁有相同
的分配，因此其期望值必相同（假設其期望值存在）。此重要關
係一般說來是成立的：具有相同分配的隨機變數，若存在期望
值，則期望值必相同。這是由期望值的定義而來的－期望值乃是
由分配函數決定的數值。

　　若 X 是符合均等分配的隨機變數，那麼 X 的期望值就是一般
的算術平均數。例如，假設拋擲一顆公平骰子，每一面出現的機
率都是 $1／6$。令 $X=$ 拋擲骰子出現的點數。

$$EX=1\cdot\frac{1}{6}+2\cdot\frac{1}{6}+3\cdot\frac{1}{6}+4\cdot\frac{1}{6}+5\cdot\frac{1}{6}+6\cdot\frac{1}{6}=3.5，$$

也就是一般平均數。

　　期望值可以評估隨機變數 X 之分配的中心。還有其他評估中
心值的方法。中位數（median）是另一種評估方法，有時定義為
令 P（$X\leq m$）≥ 0.5 的最小 m 值。舉一個簡單的例子，假設 X 是
利用公平硬幣進行四次伯努力試驗出現正面的總數。X 的可能值
依序為：0、1、2、3、4，對應機率分別為 $1／16$、$4／16$、$6／16$、$4／16$
與 $1／16$。從左方的 0 向右方加總，當 $X=2$ 時首次大於 0.5，因
此 2 滿足 P（$X\leq 2$）≥ 0.5，此最小值就是中位數。利用簡單的
計算也可以發現本例中 X 的期望值也等於 2。但一般說來中位數

與期望值並不相同；以拋擲硬幣三次而非四次為例。正面出現的可能數目為 0、1、2、3，機率各為 1／8、3／8、3／8、1／8，中位數為 1 但期望值為 1.5。注意，根據中位數的定義，中位數必須是可能數值，而期望值無此限制。

　　為什麼有這麼多的中心值呢？我們應該使用哪一個？不同的目的適用不同的中心值。期望值的重要性來自於大數法則，如下一章所示。期望值同時也是表示隨機變數可能數值之平均數的完美方法。另一方面，當我們想要知道位於分配中點的可能數值時，中位數就相當有用；比中位數小和比中位數大的數值差不多相同，也就是說，大約有一半的機率在中位數左方、一半在右方。若我們手中握有所有的觀察值且資料以遞增方式排列，那就可以定義樣本中位數，也就是中間的觀察值或是兩個中間觀察值的平均。在如統計學研究這種變數之分配大部分屬未知的情況中，中位數或樣本中位數通常是較期望值更為自然的分配中心點之指標。不過，中位數不似平均值那麼靈敏地反映出極端值，也就是和其他觀察值差異相當大的觀察值。例如，假設有十個數值，機率均為 0.1。如果其中有九個數值都介於 0 到 1 之間，而另一個則大於 1，那麼不論第十個數值為何，中位數均相同，而平均數則兼顧了十個數值（假如第十個數值為 1,000,000）。所以擁有數個中心值的指標是件好事，可以使用各種指標來作比較，理論也變得更豐富。

7.5　公平與不公平遊戲

　　現在我們想要知道代表每一場賭局獲利的隨機變數。令 $X=$
賭局獲利,其中負數的 X 值代表參加賭局所要付出的費用以及輸
錢的總和。雖然此處使用的賭博用語看似輕鬆,但以下要介紹的
模式卻有廣泛的應用;畢竟,連任何一種的保險,都像是一種遊
戲,得到保險金理賠時我們(或是子女)就贏了,而保費就是損
失。若 $EX=0$ 則稱此遊戲公平(*fair*)。不公平遊戲有兩種,當
$EX>0$ 時是有利的,當 $EX<0$ 則不利。

　　賭場生意越來越好的原因,就是賭局永遠都對賭徒不利。上
述的喜巴拉遊戲的期望值為 -0.014,因此不利於賭徒。在美式輪
盤中押注 \$ 1 於紅色數字的期望值為:

$$EX=1 \cdot (0.474)+(-1) \cdot (0.526)=-0.052 ,$$

　　預期大約損失 5 毛錢。從期望值的觀點來看,喜巴拉遊戲比
輪盤遊戲有利。現在讓我們看看第二章討論的樂透遊戲。假設彩
金為 \$ 10,000,000,可以 \$ 10^7 簡潔地表示。現在每花 \$ 1 可以賣
兩張遊戲板,每一個贏得彩金的機率是 1 / 25,827,165,大約是
$3.8 \cdot 10^{-8}$。因此失去 \$ 1 的機率是 25,827,163 / 25,827,165,大約
是 $9.9 \cdot 10^{-1}$,贏得彩金的機率是 $7.6 \cdot 10^{-8}$(為了簡化問題,假
設彩金由你一個人獨得)。因此,代表樂透遊戲中獲利的隨機變
數 X 之期望值為:

$$EX \approx (-1) \cdot (9.9 \cdot 10^{-1}) + 10^7 \cdot (7.6 \cdot 10^{-8}) = -0.99 + 0.76$$
$$= -0.23,$$

所以此遊戲的預期損失爲 23 毛錢。最後，讓我們看看 Chuck-a-luck 遊戲。若賭徒押注 $\$1$，令 X 爲賭徒押注數目出現的次數，Y 代表其獲利，利用 7.3 節的機率可得：

$$EY = (-1) \cdot P(X=0) + 1 \cdot P(X=1) + 2 \cdot P(X=2)$$
$$+ 3 \cdot P(X=3) \approx -0.079$$

現在我們利用賠率的觀念來研究公平遊戲。舉例來說，在輪盤遊戲中，任一特定數字的實際賠率爲 37：1。這意味著每押注 $\$1$ 可以得到 $\$37$。因此獲利的期望值爲：

$$37 \cdot \frac{1}{38} + (-1) \cdot \frac{37}{38} = 0 \quad 。$$

當然，賭場不會根據實際賠率提供彩金。在輪盤遊戲中，每押注 $\$1$ 可以獲得 $\$35$。因此在上述等式中應代入 35 而非 37。因此賭徒的預期損失大約 5 分錢。

Petersburg 理論遊戲的玩法如下：拋擲一枚公平硬幣直到正面出現。若是在第 i 次實驗中出現，則得到 $\$2^i$。令 X 爲遊戲的獲利。

$$EX = 2 \cdot (2^{-1}) + 2^2 \cdot (2^{-2}) + \cdots + 2^i \cdot (2^{-i}) + \cdots$$

就是遊戲的預期獲利。此無窮級數中的每一項都等於 1，因

此無法加總—前 n 項的部分加總為 n，因此並未趨近於任一特定加總值。這意味著嚴格來看，此遊戲並沒有期望值，不過我們仍可說當總和不斷增加時，期望值為無限大。讓早期研究者困惑的問題是：加入 Petersburg 遊戲應繳多少入場費才公平？不論你想付多少，遊戲都不可能公平，因為預期的獲利是無窮大的。另一方面，若你想要支付 $2^{10} = $ $1,024 來玩遊戲，那麼前九次的拋擲都必須出現反面才可能回本，機率大約是 0.00195。

Petersburg 遊戲有時也稱為 Petersburg 矛盾，因為對早期的機率學者而言，這個遊戲真是怪透了，一方面不論入場費收多高，遊戲似乎都對賭徒有利，但很少有人會瘋狂到付出高達 $1,024 的金額。當我們明瞭 Petersburg 遊戲的規則假設了賭場有無限的資本以應付賭徒，就可以解決這種矛盾。不過賭場當然不會有無限的資金；賭場的有限資金只夠撐到破產。因此 Petersburg 遊戲的實際版本，必須在有限時間結束（當賭場快要無力支付時），因此遊戲的次數有限，預期值也有限。若是公平遊戲，此預期值就是賭徒付出的入場費。若遊戲對賭場有利，入場費將高於預期值。

公平遊戲的概念如何運用至保費制訂的問題呢？以下是顯示如何使用公平遊戲的概念決定保費的簡化例子。假設一名 36 歲的男子，想要購買 $50,000、20 年期的壽險。近年來關於所有年齡層的死亡率資料已非常完善，保險公司可以使用死亡率表估計 i 歲的保戶在 20 年後仍存活的機率為 p_i。保險公司對保戶生命的預期收益為 $D = 50,000 \cdot (1 - p_{36})$。現在，保險公司的預期

收入為何？既使保戶死了，在死前仍會支付部分的保費。但為了簡化問題，我們忽略此種收入，只考量當保戶在 20 年後仍健在、繳清所有保費時保險公司的收入。若每年的保費固定為 $L/20$，公司收到的總金額為 L。因此保險公司的預期收入為 $L \cdot p_{36} - D$。若 $L = D/p_{36}$ 則為公平遊戲，但因為公司以營利為目的（就像賭場一樣），所以遊戲對保戶勢必較為不利，因此 L 的訂定將使得預期收入為正，使得保險公司佔優勢。我們還忽略了其他的一些複雜情況，如無效保單或是保險公司投資保費時賺取的收入。

　　另一個受到爭議的有趣問題，則是關於自資料決定機率 p_i 的方法。一般說來，女性的壽命較男性為長，因此有不同的死亡率表。如果女性的保費計算是根據來自女性母體的死亡率表，那麼 p 應大於根據整體人口（包括男性）之母體計算的機率，因此 D 和年保費也較小。這反映了保險公司在承受女性保戶時風險小於男性保戶的事實。許多社會團體在爭取降低保費時常訴諸此類論點，例如不吸煙者可能要求保費低於吸煙者。另一方面，類似的推論可能造成高危險群的高保費或是直接拒絕承保，例如癌症或愛滋病患。這些便是關於社會對保險角色看法的非數學問題了。

7.6　賭博系統

　　幾世紀以來，賭徒在付出慘痛教訓後，終於瞭解無法利用任何系統控制賭博的賠率。上述的遊戲完全視機會而定，而負的期

望值意味著在相同情況下不斷重複玩同一個遊戲一定會輸錢（第
八章將予以解釋）。不過你可能相信自行決定何時加入遊戲、何
時收手或是旁觀，或是視個人運氣改變賭注金額，可以讓優勢從
賭場轉移到自己的身上。機率理論告訴我們，你無法單靠遊戲過
去與現在的歷史，使用任何策略將不利的遊戲改變成有利的遊
戲，而且沒有一個賭徒可以永遠富有。

　　現在假設我們同意賭徒可以永遠有錢，同時有一個策略可以
讓他在不利的遊戲中，仍可以 1 的機率贏錢。此策略包括了賭徒
每次都改變賭注金額。每次輸錢後就把賭注加倍的方法，似乎相
當受賭徒喜愛，。以下是其運作方法。假設遊戲可無限重複，每
次賭徒都可以下注他想要的金額，如 $i。在這一把，輸或贏 $i
的機率各爲 1／4 與 3／4。假設一開始的賭注爲 $1。策略如下：
只要贏錢，就一直押注 $1。如果輸了，下一把就押 $2，之後每
次輸錢後就加倍賭注。等到贏錢後，你可以選擇重新開始押注 $
1，或是以贏家的姿態走出賭場。爲了瞭解原因，現在假設如果
賭徒一開始輸了 $1，然後接著輸了 n 次，其損失共爲：

$$1+2+2^2+\cdots+2^n=2^{n+1}-1$$

　　如果下一把贏了就可以得到 2^{n-1}，因此可以打平之前的損
失賺到 $1。此遊戲對賭徒不利乃是因爲每一把的期望報酬爲
負，但賭徒有一個用膝蓋想也知道的贏錢方法：既然不斷輸錢的
機率是零，只要在贏錢後停止遊戲即可。

　　此策略的問題是，賭徒（和莊家）必須擁有無限的資金，因

為沒人知道會不斷輸多久。在現實生活中，賭徒的資金有限而且會破產；因此問題變成了十賭九輸的典型故事（見第十章）。此外，賭場也會限制賭注金額，也就是說，既使賭徒有足夠的資金，卻也無法依個人意願押注。

　　還有許多企圖扭轉好運的複雜嘗試。一些較為複雜的賭場遊戲，如二十一點（Blackjack），需要賭徒自己做選擇。這和前述完全由機會定江山的簡單遊戲相反。當你有數個選擇時，當然應該選擇贏錢機率最大的。二十一點的玩法需要用到數副牌。規則是發牌者將牌發給玩家，玩家儘可能讓點數接近 21 點但不能超過（每張牌按牌面點數計算）。發牌者代表賭場，也參與遊戲。玩家在遊戲中可以選擇再發一張牌或數張牌。既然贏錢的機率視剩餘牌的分配而定，因此所謂的「紙牌計算者，card counters」便企圖記住哪些牌已經出現過以瞭解剩餘的牌有哪些。有許多系統宣稱可以透過紙牌計算讓賭徒自賭場奪得贏錢的優勢（例如 Thorp，Edward，【打敗發牌者】，Random House，New York，1962）。不過似乎沒有人能夠利用這些方法大發橫財。因為就算這個系統言之有理，你也必須在旁觀看夠久才能無誤地執行系統。此外，賭場也會把看似紙牌計算者的人轟出場外，並且增加賭局中使用的紙牌數目以增加計算的困難度。

　　此外，一群物理學家、數學家與電腦專家向賭場展開攻擊。他們企圖征服輪盤並提出以下論點。輪盤視一個在旋轉盤子上轉動的小球而決定，因此是完全的機會遊戲。另一方面，根據古典物理學，如果我們對物理系統的瞭解夠深（在輪盤遊戲中，瞭解

夠深意味著 Heisenberg 不確定原理無須列入考量），那麼就可以
預測球的可能位置。因此原則上在遊戲開始時的某特定時點，若
球與輪盤和其他所有作用力的基本物理參數皆爲已知，有了這個
方程式就可以預測球在輪盤上的最終位置。不過這些都只是假設
而已。此外，在下注前必須快速、保密地收集資料。這些科學家
設計出一個相當小的電腦、還有一個可以神秘輸入資料的巧妙工
具。他們宣稱其方法有效，但卻被這些小工具的頻頻故障所苦
惱，因此從未實現夢想，少之又少的成功只能說是運氣而已。其
論點的最大問題在於，球最終落在何處的機率極易受最初情況與
旋轉誤差所影響。即使有完美的預測方程式，但還是不太可能以
絕對精準的資料套入方程式中產生可靠的預測。可利用一個相當
新的學派──稱爲混沌理論（theory of chaos）──來解釋這一點：
其主要論點之一是，某些物理系統呈現出對最初情況的極度依
賴。如果輪盤具有混沌行爲就根本無法預測，因此我們又回到了
機率學理論。

7.7 　控制驗血

此問題是 Feller William，《*機率學理論的介紹與應用*》一書
中的練習。假設有 N 個人要接受某種疾病的血液檢驗。檢驗可以
兩種方式進行：

　　a.每個人分別接受檢驗。

　　b.集合 i 個人的血液樣本、予以混合再檢驗。若檢驗結

果為陰性，那麼這 i 個人的檢驗結果均為陰性。若結果為陽性，那麼這 i 個人再分別接受檢驗。將 N 人分成每 i 人一組做檢驗，直到 N 個人都檢驗完成。

假設每個人檢驗結果為陽性的機率為 p，每個人的檢驗結果均獨立（因此產生了伯努力實驗，成功代表著檢驗結果為陽性。）我們應該選擇上述何種方法呢？如果我們選擇（B），應如何決定 i 的值呢？

使用（B）的原因是因為檢驗相當昂貴、耗時、所需的設備也相當稀有，所以若（B）所需的檢驗平均數較少，就可以省下相當的經費與增加效率。二次大戰時因為需要為許多軍人進行檢驗，讓人們開始研究此種問題。因此我們的原則是計畫的檢驗次數越少越好。

現在我們要分別計算兩計畫的預期檢驗次數。計畫（A）剛好有 N 次檢驗，因為情況已事先決定所以無須猜測。現在看看計畫（B），令 X 為 i 個人所需要的檢驗總次數。當這 i 個人的檢驗結果均為陰性時，$X=1$。每個人的結果均為陰性的機率為 $q=1-p$，根據獨立性原則，這 i 個人檢驗結果均為陰性的機率為 q^i。若集體檢驗的結果為陽性，那麼 $X=i+1$，因為現在要為 i 個人進行 i 次的個別檢驗。集體檢驗結果為陽性的機率為 $1-q^i$，因此

$$EX=1 \cdot (q^i)+(i+1) \cdot (1-q^i)=i-i \ q^i+1 \qquad (7.2)$$

我們需要的是 N 個人的預期檢驗次數。首先，假設 N 可以被 i 整除，因此 N 個人可以分成 $r=N/i$ 個小組，其中每一組在

公式 7.2 中的期望值均相同。令 T 為（B）計畫下 N 個人所需的
檢驗總次數，令 X_k 為第 k 組需要的檢驗次數，$k=1$、2、3、…、
r。顯然，

$$T = X_1 + X_2 + \cdots + X_r ,\qquad\qquad (7.3)$$

自公式 7.3 可以合理推論

$$ET = EX_1 + EX_2 + \cdots + EX_r \qquad\qquad (7.4)$$

公式 7.4 意味著，隨機變數總和（根據公式 7.3）的期望值，
等於隨機變數期望值的加總。在下一章我們將會看到，此關係式
對所有的隨機變數均成立。因為公式 7.4 中各個期望值均等於公
式 7.2 的右手方，因此可得期望值為：

$$ET = \frac{N}{i}\,(i - iq^i + 1) = N(1 - q^i + i^{-1}) \qquad\qquad (7.5)$$

現在我們將焦點集中在公式 7.5 中的 $F=(1-q^i+i^{-1})$。根據
我們的偏好標準，當 ET 小於 N 時計畫（B）優於計畫（A），而
可使 ET 值最小的就是最佳之計畫（B）。ET 和 F 成比例，因此
現在的問題變成了當 q 已知，找出可使 F 值最小的 i。在實務上，
受檢者被檢驗出陰性的機率 q 相當大，我們大膽地假設 $q=0.99$。
現在讓我們看看不同的 i 值對 F 有何影響。當 $i=1$ 與 2 時，F 分
別為 1.01 與 0.5199。當 i 相當大時，F 的第二與第三項會非常小，
趨近於 0，因此 F 趨近於 1。由上可知當 i 增加時，F 最初從大於
1 變成小於 1，接著慢慢減少，然後再逐漸增加趨近於 1。因此似

乎有一個 i 值可使 F 最小，我們可以利用嚴格的分析證明這個直覺。利用計算機不難找出最適的 i 值，也就是 11。因此 ET 大約等於 $0.2N$，也就是說，若選擇 i 為 11，那麼只需進行計畫（A）百分之二十的檢驗，平均下來可以節省 80% 的費用。當然，在特定情況下計畫（A）所需的檢驗次數也可能少於計畫（B）。

　　還有一個需要解決的問題。為了進行計算，我們假設 N 可被 i 整除，因此產生了公式 7.3。若 N 無法被 i 整除，最後一組的人數少於 i 個，因此公式 7.3 右手方的總和將會改變，因為最後一項的分配與其他項不同。但因為最初假設 N 很大，因此即使 N 不能被 i 整除，仍可使用公式 7.5 的右手方作為 ET 的合理估計值。

✐ 練習

1. 在重複試驗中擲兩顆骰子 100 次，令 $X=$ 七點出現的次數。計算 $P(X=5)$ 與 $P(X<98)$。

2. 令 X 為 chuck-a-luck 遊戲的獲利。若你押注的數字至少出現一次，計算 X 的期望值。（提示：使用期望值的一般公式，但使用條件機率分配而非一般分配。）

3. 以下是 Petersburg 遊戲的有限版本。如同一般的遊戲，拋擲一枚公平硬幣直到正面出現，在第 i 次出現時得到 $\$2^i$。不過在此遊戲中，你只能玩 N 次。若每次都出現反面，就兩手空空。為了讓遊戲公平，你應該支付多少入場費？

4. 擲兩顆骰子擲到七點首次出現。在七點出現以前預期需要擲多少次？假設你現在玩一個遊戲需要擲骰子三次。若至少出現一次七點就贏錢，否則就輸了。如果你輸了，需要付對手＄3。你的對手應該付你多少錢以確保遊戲公平？

5. 一副標準的撲克牌有四種花色（紅心、方塊、梅花與黑桃），每種有 13 張，卡片由 1 到 10 點，再加上傑克、皇后與國王。紅心與方塊為紅色的，梅花與黑桃則為黑色。因此一副牌總共有 52 張。從這副牌中隨機取出兩張。分別計算抽中黑色牌與紅心的預期次數。

6. 籃中有六顆紅球與四顆黑球。取球後投返，共取球三次（在下次取球前，均把上次取出的球投返）。計算取出紅球的預期次數。接著以相同的方法，計算未投返情況下的預期次數。

📖 第 8 章

棒球卡、大數法則，還有給賭徒的壞消息

包斯拉：妳不曾讀過數學嗎？

老淑女：先生，那是什麼玩意兒？

包斯拉：讓妳明瞭如何使許多線在中心點相交的詭計。

John Webster, The Duchess of Malf

8.1　折價券收集者的問題

Bubbleburst 口香糖公司在每一包口香糖裡，都附上一張知名棒球選手的球卡。一組完整的球卡包括十個選手。卡片的分配為均等；也就是說，每包口香糖內附任一選手之球卡的機率相同。若要收集完整的球卡，需要買多少包口香糖？

此問題或其變化，通常都納入一個名為折價券收集者之問題（*coupon collector's problem*）的標題之下。若要解決此問題，首先必須學習隨機變數之總和與總和之期望值，還有關於隨機變數

獨立性的概念。本章稍後討論至大數法則時，也會用到這些概念。

　　我們常常需要使用隨機變數總和的概念。在第七章的公式 7.3 已經使用過此種總和了。此處是另一個非常重要的例子。假設你我二人玩下列的遊戲。重複拋擲一枚公平硬幣。如果出現正面，你給我 $1，如果出現反面，我給你 $1。令 X_i 為我在第 i 次拋擲的獲利，X 可能為 1 或 -1，視第 i 次拋擲結果為正面或反面而定。那麼 $S_n = X_1 + X_2 + \cdots + X_n$，代表著擲完 n 次後我的累計獲利。有沒有什麼巧妙的方法，可以利用個別變數 X_i 的期望值表示 ES_n？

　　首先加總兩個離散隨機變數 X 與 Y，假設兩者均為隨機分配而且擁有相同的機率空間。此外，再假設兩變數的期望值並非無窮大；也就是說，若需要使用無窮級數來定義期望值，此級數為可加總的。現在我們感興趣的是 $E(X+Y)$。此時我們不只需要瞭解 X 與 Y 各自的機率分配，還必須知道 X 與 Y 的聯合機率分配（*joint probability distribution*），也就是兩變數互相影響時的機率加權。此聯合分配就是事件 $\{X=a$ 與 $Y=b\}$ 的機率表，其中 a 與 b 介於 X 與 Y 所有可能組合之間。有了聯合機率分配以後，就可以定義 $E(X+Y)$ 為：

$$E(X+Y) = (a_1+b_1)\,\mathrm{P}\,(X=a_1 \text{且} Y=b_1) + (a_2+b_2)\,\mathrm{P}\,(X=a_2 \text{且} Y=b_2) + \cdots, \qquad (8.1)$$

　　必須加總 X 與 Y 的所有可能組合之機率。現在公式 8.1 有一個非常有趣的特質。不論隨機變數 X 與 Y 為何，右手邊的加總結

果一定等於 $EX+EY$，因此產生了 $E(X+Y)=EX+EY$ 的重要關係，總和的期望值等於期望值的加總。此項結論除了簡單易懂與易於應用之外，同時因爲 EX 與 EY 分別由 X 與 Y 的個別分配決定，因此無須考量聯合分配，$E(X+Y)$ 的計算變得更容易了。

　　若隨機變數的數目增加至 n 個，n 爲有限數字，此原理仍成立，每個隨機變數都有非無窮大的期望值。我們還可以利用類似兩變數的方式，定義多變數的聯合分配與總和期望值。

$$E(X_1+X_2+\cdots+X_n)=EX_1+EX_2+\cdots+EX_n \qquad (8.2)$$

　　此關係式已於第 7.7 節中提及。

　　公式 8.1 與 8.2 有更通用的形式。首先，對任一隨機變數 X，都可以利用一常數 c 定義新的隨機變數 cX 如下：若 X 爲 x 值的機率爲 p，那麼 cX 爲 cx 值的機率亦爲 p；也就是說，我們可以將 X 的所有數值乘上 c，使用相同的機率，由 X 導出 cX。現在就可以輕易地證明 $EcX=cEX$。因此任一常數均可與符號 E 互換位置。利用公式 8.1 與此規則，若 a 與 b 爲任何常數，那麼：

$$E(aX+bY)=aEX+bEY \qquad ,$$

　　稱爲期望值的線性特質。若 a 與 b 均等於 1，就產生了公式 8.1。公式 8.2 也可導出類似的線性關係。由線性特質可發展出一個重要的觀察，也就是對任何期望值有限的隨機變數 X，隨機變數 $E(X-EX)=0$。只要令 Y 等於常數 EX 的機率爲 1，且 $a=1$、$b=-1$。

　　以上述重複拋擲公平硬幣的遊戲爲例說明公式 8.2 的用途，

現在我們想要計算 ES_n，也就是代表第 i 次拋擲之獲利的隨機變
數 X_i 的期望值總和。已知 $EX_i = 1 \cdot (1/2) + (-1) \cdot 1/2 = 0$，且
硬幣拋擲屬於公平遊戲。因此根據公式 8.2，在 n 場遊戲後的累
積獲利 S_n 之期望值為 0。因此不論 n 為何，拋擲完 n 次後的累積
獲利均為 0。

8.2 指示變數

利用公式 8.2 可以導出二項式隨機變數的期望值。假設有 n
個伯努力試驗，成功機率為 p。現在定義一隨機變數序列，稱為
指示變數（*indicator variable*）；此序列背後的含意相當重要，從
現在開始也會不斷地使用指示變數。對於介於 1 至 n 之間所有的
i，若第 i 次試驗成功則定義隨機變數 X_i 為 1，若失敗則為 0。因
此 X_i 的值視第 i 次試驗的結果而定，所以可以 0 或 1 的值告訴我
們這次試驗的結果是否成功。此外，

$$S_n = X_1 + X_2 + \cdots + X_n$$

以上指示變數的加總是 n 次試驗中成功的總次數，因此 S_n 為
二項式分配。每個 X_i 均為相同的分配，同時

$$EX_i = 1 \cdot p + 0 \cdot q = p \text{。} \qquad (8.3)$$

從公式 8 2 與 8.3 可得：

$$ES_n = EX_1 + EX_2 + \cdots + EX_n = p + p + \cdots + p = np \quad , \quad (8.4)$$

　　產生了由 n 與 p 兩參數表示的二項式隨機變數之期望值。所以如果你手上有一枚公平硬幣並且拋擲 1,000 次，出現正面的預期次數為（1,000）×（1／2）＝500。

　　以上對於二項式隨機變數期望值的完美運算，首先需要將 n 次試驗中成功的總數表示為指示變數的總和，接著利用公式 8.2 計算此總和的期望值。為了讓你知道這個方法有多簡單，讓我們直接使用期望值的定義計算二項式變數的期望值：將變數的各個可能值乘上其對應的機率，接著加總所有數值。利用第 7.2 節的二項式分配可知必須從 i 等於 1 到 n 加總每一項。

$$i \times \frac{n\,!}{i\,!\,(n-i)} \times p^i q^{(n-i)} \quad 。$$

　　雖然此方法也可以求出 np 這個相同的答案，但計算卻相當複雜，也不如指示變數法那麼易於理解。

8.3　獨立隨機變數

　　我們已經知道事件獨立性的意義為何。簡單說來，如果現在有許多互相獨立的事件，那麼關於某些事件的資訊無法讓你知道其他事件的情況為何。獨立事件的典型範例便是 n 項的伯努力試驗，其中在第 i 次試驗成功的事件形成了獨立集合，i 介於 1 到 n 之間。那麼，獨立隨機變數又為何呢？在直覺上，若隨機變數符合獨立事件的定義，就可以說互相獨立。舉例來說，在伯努力試

驗中，令 X_i 爲指示變數，i 介於 1 到 n 之間，如上節所述。因爲
若我們知道 X_3、X_7 與 X_8 的值，也就等於知道了第 3、第 7 與第 8
次試驗成功或失敗，因此這些隨機變數互相獨立。因爲試驗獨
立，所以我們無法知道其他試驗成功或失敗，也就是說，當 i 不
是 3、7 或 8 時，我們就不知道 X_i 爲何。一般說來，當定義隨機
變數的事件獨立時，隨機變數亦爲獨立。更精確的說法是，若 X
與 Y 互相獨立，那麼：

$$P（X=a 且 Y=b）= P（X=a）\cdot P（Y=b）\qquad （8.5）$$

不論 a 與 b 爲何，上述關係式均成立。也就是說對於所有可
能的 a、b 組合，$\{X=a\}$ 與 $\{Y=b\}$ 兩事件互相獨立。若所有
的子集合都符合類似公式 8.5 的乘法規則，那麼隨機變數均互相
獨立。

8.4 解決折價券收集者的問題

現在，我們終於可以解決本章一開始的折價券收集者的問題
了。想像一個期待收集完整棒球套卡的小男孩。他買第一包的口
香糖，得到第一張棒球卡，接下來買第二包。將每次的購買視爲
伯努力試驗，若買到的卡片和第一次買到的不同則爲成功，否則
就算失敗。因此成功機率 p_1 等於 9 / 10。令 X_1 爲第一次購買後
到得到下一張不同的棒球卡之等待時間（也就是購買次數）。在
獲得不同的棒球卡後，又可以重複此過程產生伯努力試驗，成功

的定義為得到和前兩次不同的卡片，否則就算失敗。因此成功機率 p_2 等於 $8/10$。令 X_2 為得到二張不同卡片，到得到第三張不同卡片的等待時間（亦即購買次數）。我們可以繼續此過程。一般說來，在獲得第 i 張不同卡片至獲得第 $(i+1)$ 張不同卡片之間的購買次數，可以視為隨機變數，成功機率 $p_i=(10-i)/10$。令 X_i 為獲得 i 張不同卡片後，至得到 $(i+1)$ 張不同卡片之間的等待時間。在收集完整套卡前必須的購買總次數 T 為：

$$T = 1 + X_1 + X_2 + \cdots + X_9$$

公式中的 1 代表第一次買口香糖時一定會得到未擁有的卡片。從公式（8.2），

$$ET = E1 + EX_1 + EX_2 + \cdots + EX_9。$$

現在讓我們計算此公式的右手方。首先，$E1=1$（常數可視為其值即為常數的機率為 1 的隨機變數）。在 7.4 節中，我們討論了評估伯努力試驗序列中等待第一次成功之時間的隨機變數 X。此變數的期望值是每次實驗成功機率 p 的倒數，p^{-1}。上述公式中的每個變數都是伯努力等待時間變數，因此 $EX_i = 10/(10-i)$，與 X_i 相關的成功機率之倒數。因此，

$$ET = 1 + \frac{10}{9} + \frac{10}{8} + \frac{10}{7} + \cdots + 10 = 10(1 + \frac{1}{2} + \cdots + \frac{1}{10}) \approx 29.25$$

約需購買 29 包口香糖才能得到完整的棒球套卡。上述論點可以輕易地推論至由 n 張棒球卡組成的套卡。因此，為了得到完

整套卡必須進行的實驗總數 T，其期望值爲：

$$n\left(1 + \frac{1}{2} + \cdots + \frac{1}{n}\right) 。$$

　　折價券收集者的問題，和打字機前的猴子（第 5.4 節）有著異曲同工之妙。也就是在得到特定結果之前不斷重複做著同一件事，然後再重新開始。在本例中，我們無法事先知道在第幾次的試驗可得到特定結果（獲得與之前不同的棒球卡）—此試驗隨機出現，接著再重新開始，直到收集到完整的套卡。在猴子的問題中，在重新開始嘗試著打出莎士比亞大作前必須等待 T 次試驗。（或者，我們也可以等待猴子打錯第一個字，之後再重新開始，這也會產生重新開始的隨機時間。然而，使用固定時間 T 涉及的數學運算較爲簡單）。當我們重新開始時，將產生與過去完全無關的情況。這麼一來，時間就被分成許多未重疊的區間，在未重疊區間中發生的以試驗定義之事件互相獨立。在本例中，這意味著當我們獲得與之前都不同的棒球卡時，又重新開始了伯努力試驗的過程。隨機變數 X_i 互相獨立；如果已知獲得第二張不同棒球卡需要 12 次試驗，那麼 $X_1 = 12$，我們無法從這得知獲得第三張不同棒球卡所需的等待時間 X_2。如第五章所述，關於獨立性的直覺看法禁得起嚴格的數學驗證。

_8.5_　大數法則

　　我們現在終於準備好討論前文已提過數次的基本理論，大數法則。此理論有許多種版本，最早期的稱爲「弱性法則，_Weak Law_」，不過僅限於二項式 0－1 變數的序列，這是由 18 世紀初的 James Bernoulli 所提出的。本節討論的版本稱爲「強性法則，_Strong Law_」，來自於 20 世紀俄羅斯的數學家，A. Kolmogorov。

　　大數法則的概念如下：首先，思考獨立隨機變數的無窮級數 X_1、X_2、…，其值均不可能爲負，均符合期望值 EX_1 爲有限數字的同一分配（伯努力試驗是一個很好的典範，其中 X_i 指示變數的值視第 i 次試驗結果爲成功或失敗而爲 1 或 0。）既然隨機變數的期望值視其分配而定，每個 X_i 的期望值均爲 EX_1。現在令 $S_n = X_1 + X_2 + \cdots + X_n$，爲前 n 項 X 的和。S_n 亦爲隨機變數，前 n 項 X 的算術平均數 S_n / n 也是隨機變數。現在我們想要知道當 n 越來越大時，S_n / n 會怎麼樣。簡單說來，根據大數法則，當 n 越來越大時，「幾乎所有（almost all）」的樣本序列 X_1、X_2、…的平均數會越來越接近常數 EX_1。也就是說在大部分的時間（most of the time），若隨機變數 X_1、X_2、…的值爲 x_1、x_2、…，那麼只要 n 夠大，任選一個相當小的正數 ε，下列均成立：

$$EX_1 - \varepsilon < s_n / n < EX_1 + \varepsilon，$$

　　其中 $s_n = x_1 + x_2 + \cdots + x_n$。（注意，隨機變數 X 和此變數的可能值 x，是非常不同的。）此處我們又得到收斂這個重要的觀

念，大部分樣本序列的平均數收斂於 EX_1－也就是說，平均數的序列越來越接近 EX_1。

現在讓我們回到現實，假設現在有一個伯努力試驗與指示變數。由公式 8.3 可知 $EX_1 = p$，同時由第 8.2 節可知 S_n 為 n 次試驗中成功的總次數。所以根據大數法則，若 n 夠大，那麼「大部分的時間，（most of the time）」，n 次試驗中成功總次數的相對次數將趨近於成功機率 p。將此模式應用至公平硬幣，若 n 夠大那麼正面出現的次數大約一半，當 n 越來越大時此機率會越來越趨近於 1／2。

現在，幾乎所有（almost all）與大部分的時間（most of the time）的意義為何？若不運用較複雜的數學概念很難予以精準描述，不過以下的解釋可以提供一些基本的概念（你也可以略過這一部份）。回想一開始的問題是獨立隨機變數的無窮級數，我們想知道其出象為何。樣本空間 S 包含所有可能的無限組合（x_1、x_2、…），其中 x_1 是隨機變數 X_1 的數值，x_2 是隨機變數 X_2 的數值，以此類推。可以使用隨機變數的獨立性及其分配功能，證明可對此非離散樣本空間定義機率 P（你可以回顧第 1.4 節）。S 中有這麼多的組合，不是每一個都擁有相同的機率權重，同時符合有用模式的必要規則。然而，如果我們對每一類的組合都予以稍作限制，使得 P 可以符合該類的所有規則，就可以對此類中我們感興趣的大部分事件導出一個有用的模式。

大數法則的收斂性可以下列數學式表示：

$$P\left(\lim_{n\to\infty}\frac{X_1+X_2+\cdots+X_n}{n}=EX_1\right)=1 \qquad (8.6)$$

「*lim*」這個符號是極限的縮寫，代表 S_n / n 趨近於何數字。公式 8.6 可以文字表示：平均值趨近於 EX_1 的機率等於 1。由此可知平均值未收斂於 EX_1 的事件機率為零。

　　大數法則證實了我們對於可重複事件 A 的機率，可利用大量、獨立地重複此事件之相對次數來估計的直覺。因此大數法則讓我們可以打破理論與現實之間的隔閡。在理論中，我們從一個不是非常明確的事件機率 p 開始。如果要用相對次數表示此機率，我們必須找出該事件的指示序列。首先思考該事件可能或可能不會發生的獨立試驗，令隨機變數 $X_i = 1$ 或 0，視第 i 次試驗時事件是否發生而定。所以我們現在有一個成功（事件發生）機率等於 p 的伯努力試驗序列。因此 S_n / n 就是 n 次試驗中事件發生的相對次數，根據大數法則，若 n 夠大那麼此比率應近似於 $EX_1 = p$。因此只要實驗次數夠，或者如統計學家所說的觀察值夠，那麼理論上的機率預期將趨近於事件發生的相對次數。此關係對於哲學家和數學家都很重要。同時也是統計學的基礎，分析資料以估計未知參數。我們將在第十五章更詳細地討論統計學。

　　以下是估計的具體例子。假設我們想要估計某款汽車的特定零件在購買後一年內故障的機率 p。隨機挑選 n 輛同款汽車的新車（任一輛車的故障與其他車的故障無關）並且定義指示變數 X_i 視該汽車零件是否在一年內故障而為 0 或 1。上述討論顯示我

們可以收集資料、計算未知的機率 p，也就是等待一年以後記錄有多少輛汽車的零件故障。故障出現的比例（也就是相對次數）是未知機率 p 的合理估計，因為根據大數法則，此比例趨近於 p。不過此概念亦有其限制。例如，在我們想要確定估計 p 之前，必須先知道 n 必須多大才行。有許多方法可以決定 n；不過這些較為專業的問題不予回答（第 15.6 節有類似問題的討論，不過是關於投票與信心區間）。目前的主要重點是瞭解大數法則的意義為何，同時體驗其簡潔、優美與應用方法。

在大數法則的敘述中，我們要求加總項 X_i 不得為負。不過這只是為了讓最初的說明易於陳述所強加的不必要限制。更蓋括的說法是：若 x 為任一數字，$|x|$ 為 x 的絕對值，若 $x \geq 0$ 那麼 $|x|$ 等於 x，若 $x \leq 0$ 就等於 $-x$。所以只要把 x 前的負號拿掉，x 值便永遠為正，例如 $|-5|$ 等於 5。大數法則更整體的敘述則允許加總項 X_i 之值為負或為正，只要 $E|X_1|$ 為有限數字。但加總項仍必須符合獨立性與分配相同的限制，同時理論的敘述亦不變。為了瞭解為何 $E|X_1|$ 必須為有限數字，可回顧第 7.6 節中關於賭徒的策略之討論。不過還是有點小問題——賭徒必須非常富有，同時可以押注無上限的金額。在現實生活中，賭徒的資金和可下注金額均有限，沒有一個方法可以將不利的賭局轉變成有利。若將 $E|X_1|$ 視為押注時的預期獲利或損失，那麼此數字的有限性就可以想成是賭徒在每次賭局中下注金額的限制。由此觀點看來，只要該名賭徒無法下注無限金額，那麼大數法則就可以保證平均累積獲利將有穩定的出象。不過在相反的情況中，大數法則也可能失敗，這

一點應該不會讓我們太意外，如第七章所見，若不限制賭注金額可能會產生相當怪異的結果。

接下來我們還欠缺一項要素，那就是對任何的 n，平均數 S_n / n 的期望值等於 EX_1 的事實。可使用期望值的線性特質（見 8.1 節）導出：

$$E\left(\frac{S_n}{n}\right) = E\left(\frac{1}{n}\right) S_n = \frac{1}{n}\,(X_1 + X_2 + \cdots + X_n) = \frac{1}{n} \cdot (nEX_1) = EX_1 \circ$$

8.6　大數法則與賭博

現在讓我們看看大數法則對於喜巴拉賭局的看法爲何。假設 X 是賭徒在一局下注 $\$1$ 後贏得的錢。根據 7.4 節已知 $EX = -0.014$。假設賭徒繼續玩，令 X_i 爲賭徒在第 i 局賭局中贏得的錢。每項隨機變數 X_i 都和 X 有相同的分配，同時假設 X 之獨立性亦很合理。在本例中，S_n 是前 n 項 X 的和，也就是賭徒在玩了 n 局後的累積獲利。從公式 8.2 我們知道賭徒在玩了 n 局後預期的累積獲利，ES_n，爲 $\$(-0.014)n$，負號顯示預期的損失。當局數 n 越來越大時，預期損失也越來越大。利用大數法則，我們可以解釋地更清楚。

在本例中，

$$E\,|\,X_i\,| = 1 \cdot (0.493) + (\,|-1\,|\,) \cdot (0.507) = 1$$

符合大數法則的條件。因此對大部分的賭局而言，

$$\frac{S_n}{n} \rightarrow \quad -0.014 \qquad (8.7)$$

以上的箭頭表示趨近於。所以在玩了許多局以後，賭徒的平均損失大約 1.5 分，和每一局的預期損失相同。1.5 分聽起來似乎不是很大筆的金額。但公式 8.7 對賭徒而言其實是個令人沮喪的消息。為什麼呢？用一個稍大於 −0.014 的數字，假設是 −0.013 好了。考慮以下事件：

$$\frac{S_n}{n} < -0.013 \qquad (8.8)$$

因為平均累積獲利趨近於 −0.014，那麼在玩了夠多賭局以後，這些平均數有相當大的機率小於 −0.013，因此公式 8.8 在大部分的時候均成立。將公式 8.8 不等式的兩邊同乘 n 就變成，

$$S_n < (-0.013) \cdot n \qquad (8.9)$$

若賭局數目 n 夠大，那麼此不等式對於大部分的遊戲均成立。因此根據公式 8.9 可知，賭徒玩的局數越多，累積獲利就越可能為負值、而且數字越來越大（因為右手方的 n 越來越大）。也就是說，當賭局數目增加時，其累積損失將無上限地越來越大。所以當賭局數目很大時，不起眼的平均損失也會變成驚人的累積損失，其機率趨近於 1。上述說法似乎遠比「預期累積損失很大」來的令人記憶深刻。

上述討論只針對 \$1 的賭注，若下注 \$$i$，那麼每一局的預期

損失為$(1.4) \times -i$分，且公式 8.7 至 8.9 需根據 i 係數做調整。假設賭徒每局押注 $\$10$，共玩了 100 局。公式 8.9 需調整 10，因此右手邊為 $\$13$；若玩 1000 局則為 $\$130$。隨著賭局數目的增加，賭徒累積損失超過此數值的機率趨近於 1。

　　對賭徒的壞消息，就是賭徒對手的好消息，對手每一局都處於有利位置。大數法則是賭局對手的親密戰友，可以確定最終將滿載而歸。賭場終年開放，任一賭局的數目 n 都非常大，因此大數法則絕對成立：玩 10,000 場賭注為 $\$10$ 的喜巴拉遊戲，賭場可以接近百分百的機率迅速賺得 $\$1,300$ 以上的獲利（因為許多人會同時下注，所以賭局數目增加神速。）

8.7 **賭徒的謬誤**

　　對於大數法則，千萬不要自行過度解釋。賭徒本著一顆想要贏錢的心，常常錯誤解釋了大數法則。如果這把輸了，他們往往覺得下一擲會比較有贏面，因為「平均法則」保證人不會一直背下去。但因為每次擲骰子都與前次無關，因此此論點錯誤；骰子不會記憶前一次的結果，也不會嘗試平均擲出的點數。在 5.1 節末，我們簡短地提到了拋擲硬幣（或擲骰子）的另一種序列模式——在缺少獨立性的情況下，序列具有記憶性，機率將隨過去的紀錄而改變。如前所述，沒有實證支持此論點；資料呈現的是獨立性模式。當然，過去的紀錄對許多方法是很重要的，獨立性並非適當的假設；但不停地玩機會的遊戲卻不包含在內。

賭徒的謬誤之基礎爲何？大數法則告訴我們，只要次數夠多，平均值一般會趨近於期望值。所以你知道在骰子遊戲中，你不會永遠輸錢（否則在公式 8.7 中平均損失應趨近於－1 而非－0.014），只要一直玩下去，總是有贏錢的時候（只要你不要先輸到脫褲子）。不過你不知道何時會贏錢，所以你當然不會知道好運會不會在下一把來臨。

8.8　**隨機變數之變異數**

隨機變數的期望值就是該變數所有可能數值的平均數。期望值讓你知道所有數值的集中趨勢，但卻無法告訴你所有數值如何散佈在期望值的四周。舉例來說，若 U 爲 1 或－1 的機率各爲 1／2，那麼 U 的期望值爲 0。若 V 爲 10^6 或－10^6 的機率各爲 1／2，V 的期望值亦爲 0。但 V 的可能數值離期望值的距離較 U 遠得多。

隨機變數 X 的變異數（*variance*）－$\sigma^2(X)$，就是可能數值與期望值的分散程度之評估。其定義爲：

$$\sigma^2(X) = E(X - EX)^2 \qquad\qquad (8.10)$$

注意公式 8.10 的右手方也就是 X 與期望值之距離的平方。也就是將所有可能的 X 值與 EX 相減後再平方；平方可確定無負值出現。之後使用機率得到加權平均。你可能會質疑，既然我們想要找出一個方法，評估變數各數值與期望值的分散程度，爲什麼使用距離的平方值平均而非距離本身的平均呢？其實我們可以利用距離定義出離散的評估方法，但此數量不似變異數般擁有

易於處理的數學特質，理論基礎也不夠好。

根據上述的隨機變數 U 與 V，我們有了，

$$\sigma^2 \ (U) \ = \ (1-0)\ ^2 \times \frac{1}{2} \ + \ (-1-0)\ ^2 \times \frac{1}{2} = 1 \qquad ,$$

$$\sigma^2 \ (V) \ = \ (10^6-0)\ ^2 \times \frac{1}{2} \ + \ (-10^6-0)\ ^2 \times \frac{1}{2} = 10^{12} \quad 。$$

V 的變異數遠大於 U 的變異數，這也反映了 V 之數值和期望值 0 的離散程度大於 U 的數值。

公式 8.10 告訴我們：較小的變異數代表各數值集中於期望值的機率較高；較大的變異數代表各數值遠離期望值的機率較高。對 x 而言，任何數值的 X 均不會使 $(x-EX)\ ^2$ 為負值，因此最小的變異數為 0，而且只會發生在隨機變數等於 EX 時。此情況說明了隨機變數集中在期望值的極端個例——所有數值都剛好等於期望值。

以下的觀察在接下來的課程中將相當有幫助。若隨機變數 X 的期望值有限，那麼 X 和 $X-EX$ 的變異數相同。這是來自於變異數的定義，因為 $X-EX$ 的期望值為 0。

變異數的平方根稱為標準差（*standard deviation*），在統計學中廣泛使用。將變異數開根號會讓它變得比較像是距離，因為變異數就像是平方後的距離。統計學家通常對於和期望值有著一或兩個標準差距離的機率相當感興趣。當我們介紹常態分配家族時會再回到這個重點。

　　基本上，第八章到此爲止。若你想要瞭解大數法則爲何成立
的討論，可以參見附錄。附錄或許難以理解；其內容較爲複雜。
如果你不想中斷本書的學習過程，可以略過附錄。或者你也可以
試著理解，若覺得過於艱澀可以隨時停止。

8.8.1　**附錄**

　　若要詳細地說明與證明大數法則，需要較爲高階的數學運
算。不過還是可以利用較爲簡單的論點證明大數法則的可信度。
基本概念相當簡單。令 $S_n = X_1 + X_2 + \cdots + X_n$，其中 X_i 互相獨立，
且擁有相同的分配，期望值與變異數有限。我們現在要計算 S_n / n
的變異數，證明當 n 增加時，此變異數趨近於 0。變異數是隨機
變數與期望值之間差異的評估，這意味著 n 越大，S_n / n 趨近於
EX_1 的機率接近 1。上述可以寫成：對任何固定正數 ε，

$$\lim_{n \to \infty} P\left(\left| \frac{S_n}{n} - EX_1 \right| < \varepsilon \right) = 1 \qquad (8.11)$$

　　也就是說，不論 ε 有多小，平均數與 EX_1 之差異的絕對值小
於 ε 的機率趨近於 1。公式 8.11 證明了所謂的機率之收斂
（*convergence in probability*），這和第 8.5 節中描述的大數法則
收斂敘述不同〔將上述機率收斂的關係式與公式 8.6 相較〕。現
在只需證明當 n 很大時，平均數趨近於 EX_1 的機率相當大。此時，
相較於所有夠大的 n，平均數趨近於 EX_1 的機率相當高的情況

下，還是有可能對某些夠大的 n，其平均數趨近於 EX_1，但對其他夠大的 n，其平均數遠離 EX_1。在 8.5 節中說明地更多：當 n 夠大時，大部分的平均數（也就是除了零集合以外的所有平均數）趨近於 EX_1，當 n 增加時會更爲趨近。由第五章的公式 5.6 提供的此項關於大部分平均數之收斂性的結論較公式 8.11 更爲深入、更爲有力。公式 8.6 稱爲強性大數法則，公式 8.11 則稱爲弱性法則。證明強性法則對我們而言過於吃力，但弱性法則則在我們的掌控之中，所以現在我們要開始證明。至少可以讓我們稍稍瞭解爲何強性法則的真理成立。

此推論有幾個步驟。首先，我們需要導出獨立變數總和之變異數的公式。

8.8.2　獨立隨機變數總和的變異數

可以用個別的 X 變異數，以更簡單的方法計算下面的式子嗎？

$$\sigma^2 \left(X_1 + X_2 + \cdots + X_n \right)$$

在獨立隨機變數的情況中，此問題有個完美的答案。不過在我們開始計算以前，還需要以下對於獨立隨機變數 X 與 Y 的觀察：

$$EXY = EX \cdot EY \qquad (8.12)$$

換句話說，乘積的期望值等於期望值的乘積。這一點類似於加法中 $E(X+Y) = EX + EY$ 的關係，但有一個相當大的差異：

對任兩個隨機變數，總和的期望值關係式均成立，但公式 8.12
只適用於獨立隨機變數。此乘法公式成立的理由，可以回溯到獨
立 X 與 Y 之聯合分配的乘法定義。現在讓我們直接接受公式 8.12
成立，在一個包含兩次伯努力試驗的簡單例子中，若第一次試驗
成功則 $X=1$，失敗則為 0，若第二次實驗成功則 $Y=1$，失敗則
為 0。在本例中，EX 與 EY 均為 1／2，若忽略乘積結果為 0 的項
目，那麼

$$EXY = 1 \cdot P(X=1 \text{ 且 } Y=1) = P(X=1)\,P(Y=1)$$

$$= \frac{1}{2} \cdot \frac{1}{2} = \frac{1}{4} = EX \times EY$$

所以我們接受乘法公式並予以使用。根據變異數的定義與公
式 8.2，可知：

$$\sigma^2(X_1 + X_2 + \cdots + X_n) = E(\,[X_1 - EX_1] + [X_2 - EX_2] + \cdots + [X_n - EX_n]\,)^2$$

現在想想，當你把公式右手方的總和取平方時，會發生什
麼？每一個小括弧的平方，如 $[X_i - EX_i]^2$，加上任兩項的交叉
乘積，如 $(X_i - EX_i)(X_j - EX_j)$，其中 $i \neq j$。平方後，我們必須
計算每一項的期望值再相加。一般說來，必須將交叉乘積記入總
和內，但若隨機變數 X_i 互相獨立，嘿嘿嘿，美妙的事情就會發生
了，因為交叉乘積的期望值為 0。理由是：每一項的 $X_i - EX_i$ 期
望值均為 0，而且隨機變數 $X_i - EX_i$ 與 $X_j - EX_j$ 互相獨立（將兩獨

立變數減去一常數同樣產生兩個獨立變數。）因此透過公式 8.12，可得：

$$E（X_i-EX_i）（X_j-EX_j）＝E（X_i-EX_i）E（X_j-EX_j）＝0×0＝0$$

因此，

$$\sigma^2（X_1+X_2+\cdots+X_n）＝E（X_1-EX_1）^2+E（X_2-EX_2）^2+\cdots+E（X_n-EX_n）^2$$

而且因為 $E（X_i-EX_i）^2＝\sigma^2（X_i）$，如果 X_i 互相獨立那麼此關係可以寫成：

$$\sigma^2（X_1+X_2+\cdots+X_n）＝\sigma^2（X_1）+\sigma^2（X_2）+\cdots+\sigma^2（X_n）$$

這就是我們想要證明的事實：若隨機變數互相獨立，那麼其總和的變異數等於個別變異數的加總。此關係式類似於公式 8.2，不過公式 8.2 對所有的隨機變數均成立，但變異數公式僅對獨立隨機變數成立。

8.8.3 $S_n／n$ 的變異數

現在讓我們假設 S_n 是一系列獨立、分配相同之隨機變數序列的前 n 項之總和。我們想要計算隨機變數的變異數：

$$\frac{S_n}{n}-EX_1＝\frac{X_1+X_2+\cdot\cdot\cdot+X_n}{n}-EX_1 \qquad （8.13）$$

如第 8.5 節所見， $ES_n / n = EX_1$，因此公式 8.13 中隨機變數的期望值為 0，其變異數等於 S_n / n 的變異數。公式 8.13 中的變數可以寫成：

$$\frac{(X_1 - EX_1) + (X_2 - EX_2) + \cdot \cdot \cdot + (X_n - EX_n)}{n}$$

這是因為每一項的 EX_i 都等於 EX_1，因此將減去此數字 n 次後再除以 n。從這些觀察可以將公式 8.13 中變數的變異數寫成：

$$E\left(\frac{(X_1 - EX_1) + (X_2 - EX_2) + \cdot \cdot \cdot + (X_n - EX_n)}{n}\right)^2$$
$$= E\frac{1}{n^2}((X_1 - EX_1) + (X_2 - EX_2) + \cdot \cdot \cdot + (X_n - EX_n))^2$$

根據期望值的線性特質，可以將常數 $1 / n^2$ 自 E 移除。現在看看剩下什麼，

$$E((X_1 - EX_1) + (X_2 - EX_2) + \cdots + (X_n - EX_n))^2 \quad (8.14)$$

也就是 n 項隨機變數 $(X_i - EX_i)$ 之總和。每一項的期望值均為 0，利用變異數的定義，可知此總和的變異數為

$$\sigma^2((X_1 - EX_1) + (X_2 - EX_2) + \cdots + (X_n - EX_n)) \quad (8.15)$$

也就是公式 8.14，但因為隨機變數 $(X_i - EX_i)$ 互相獨立，因此根據上一節可知公式 8.15 中的變異數就是各個變異數的總和。現在變異數和期望值，純粹由隨機變數的分配決定，因此分

配相同的隨機變數有相同的變異數。令 $\sigma^2 = \sigma^2(X_1)$ 為 X 的共通變異數。可由之前的課文回想，將隨機變數減去某固定常數會產生變異數相同的隨機變數，因此 $\sigma^2 = \sigma^2(X_1 - EX_1)$，利用公式 8.15 可導出公式 8.14 中的期望值為 $n\sigma^2$。現在再加進 $1/n^2$ 這個常數，可得到重要結論

$$\sigma^2\left(\frac{S_n}{n}\right) = \frac{n\sigma^2}{n^2} = \frac{\sigma^2}{n} \qquad (8.16)$$

　　因為我們假設了 σ^2 為有限數字，因此公式 8.16 中的比率趨近於 0。公式 8.16 是導出公式 8.11 的重要事實。但我們不提供完整的數學證明，因為這涉及了稱為 Chebyshev 不等式的概念。不過直覺上我們知道隨機變數的變異數是評估此變數與期望值之間離散程度的工具，因此當 n 增加時，平均數 S_n/n 的變異數趨近於 0〔由公式 8.16 得知〕，平均數越來越趨近於期望值的機率接近 1，產生了公式 8.11 與機率的收斂，也就是大數弱性法則。

✎　練習

1. 選擇整數 0 與 1 的機率分別為 $1/3$ 與 $2/3$，然後再擲一顆公平的骰子。計算第一個選擇的整數與骰子擲出數字之總和的期望值。

2. 拋擲三枚硬幣。第一枚硬幣為公平硬幣，第二枚出現正面的機

率為 2／3，第三枚出現正面的機率為 3／4。計算這三次拋擲
出現正面次數的期望值。

3. 計算拋擲兩顆公平骰子直到七點出現十次的拋擲次數期望值。

4. 重做第七章的練習 5，這次只使用期望值的對稱性論點與公
式。（提示：令練習 5 中選出黑色紙牌的數目為 B，選出紅色
紙牌的數目為 R，$B+R=2$，而 B 與 R 具有相同的分配。）

5. 描述一下如何使用大數法則估計(a)在輪盤遊戲中，押注黑色數
字賺錢的機率，(b)利用兩顆公平骰子擲出蛇眼（兩點）的機
率，(c)在 chuck-a-luck 遊戲中至少贏得＄1 的機率，(d)在第一
章描述的汽車－山羊遊戲中，改變選擇後得到汽車的機率。

6. 假設你設計出一個預期獲利為＄0.01 的遊戲。以下何者為真？
(a)若你玩的局數 n 夠多，那麼贏得＄n 的機率超過 0.99。(b)
若你玩的局數 n 夠多，那麼贏得(0.009)n 的機率超過 0.99。解
釋你的答案。

📖 第 9 章

從交通到巧克力餅乾：
卜瓦松分配

「它們落入一種卜瓦松的機率分配。」鐵路的轉轍控制員小聲地說，彷彿準備面對眾人的挑戰。

Thomas Pynchon, Gravity's Rainbow

9.1　**交通問題**

想像你現在正坐在一個鄉間小路旁的咖啡館中，啜飲著卡布奇諾，享受宜人的鄉村風景。不一會兒，你注意到這條路上的車流量真是小。服務生傷心的埋怨說，每天下午，一小時大約只有五輛車開過，他希望來往的車次可以多一點，這樣才能提高營業額。在接下來的 15 分鐘內，至少有一輛汽車開過的機率為何？

為了回答此問題，我們必須先瞭解一個與二項式分配相關的重要分配。現在假設我們要計算在特定時間內發生的事件，例如在 15 分鐘內通過某路段的汽車數量，或是自早上九點到正午進

入交換器的電話數目。我們想要估計在特定時間內，剛好有 k 個事件發生的機率。在數學問題中，圖表通常有助於釐清問題，所以現在拿起一枝筆，畫出一條左邊標為 0，右邊標為 t 的直線（見圖 9.1）。

圖 9.1   圖中的點代表在特定時間內發生的事件

線上的每一點 x 都代表事件發生或未發生的一個時點（此處顯然是有點過度理想化了，因為事件無法在極小的瞬間發生）。現在我們標上事件發生的時點。假設事件的發生不連續，因此圖 9.1 變成了標上有限點數的直線。注意長度 t 的直線可以再分成 n 個長度均為 t/n 的子區間，n 可為任何整數。為了導出可準確描述各種實際情況的數學模式，我們需要做一些假設：

a. 任一長度為 h 的極小子區間，剛好包含一事件的機率，和該子區間的長度成比例，也就是說，有一固定常數 $\lambda > 0$，可使機率＝ $\lambda h +$ 誤差項，其中誤差項相較於 λh 非常小。

b. 兩件以上的事件在長度為 h 的同一子區間內發生的機率，相較於 λh 相當低。

c. 任一子區間內發生的事件，和其他子區間發生的事件無關。

假設（a）對於小的子區間而言相當合理。因為當小的子區間稍微變大時，就越有可能剛好包含一事件在內。我們假設此種

機率增加的最簡化形式——機率和子區間大小加上誤差項之間具有線性關係。此外，相較於此線性關係，誤差項極小因此影響不大；所以子區間越小，線性關係更準確。假設（b）對於此處討論的獨立事件亦相當合理。根據（b），兩個以上的事件位於同一小子區間的機率遠低於剛好一事件發生的機率。這就是我們對於有限事件發生在同一時間區間的預期——對於相當小的區間，發現一個事件就已經很難得了，更何況是不只一個事件呢！最後，（c）代表了如下事件的獨立性：

｛在子區間 1 發生 i_1 事件｝，｛在子區間 2 發生 i_2 事件｝，…，｛在子區間 n 發生 i_n 事件｝，

其中子區間 1 到 n 均不重疊，也就是彼此相鄰。對許多自然過程而言，獨立性的假設非常合理。在上述例子中，若在某個時間區間發現有三輛汽車通過道路的某一點，這項資訊無法告訴我們十分鐘後會有多少輛汽車經過。

現在取一個相當大的 t 值，將區間分割成 n 個相同的子區間，每個長度均為 t / n。上述三項假設讓我們可以使用伯努力試驗模式計算在區間內剛好發生 k 事件的機率。方式如下：每個子區間都可以視為一次試驗，成功意味著剛好發生一次事件，失敗則代表無任何事件。但第三種可能性，也就是子區間內有兩個以上事件發生的機率為何呢？結論是若 n 相當大，我們無須擔心此種可能性，理由是根據假設（a）與（b）：對相當小的子區間，兩個以上的的事件發生在同一子區間的機率相當低，因此可安心地忽

略此種可能性。伯努力模式要求子區間必須互相獨立，也就是假設（c）。因此我們可以把長度為 t 的區間、發生 k 個事件想成是 n 次的伯努力試驗，其中有 k 個子區間剛好發生一次事件，$n-k$ 個子區間沒有任何事件發生。成功（子區間內剛好發生一次事件）機率接近 $\lambda h = \lambda t / n$，因為子區間的長度為 t / n。從 7.2 節可以改寫成：

P（在長度為 t 的區間內剛好發生 k 次事件）　　（9.1）

$$\approx C_{n,k}\left(\frac{\lambda t}{n}\right)^k\left(1-\frac{\lambda t}{n}\right)^{n-k}　。$$

現在令 n 無限制地增加，那麼公式 9.1 的右手邊將趨近於一個有限數字；也就是當 n 增加時，右手邊會趨近於某個有限數字，r_k。此外，根據上述假設，當 n 增加時，公式 9.1 的右手邊應該會越來越近似於左手邊的機率。因此若我們定義，

P（在長度為 t 的區間剛好發生 k 次事件）$= r_k$

是相當合理的。r_k 符合機率分配，也就是說，任一 r_k 均為正值，且，

$$r_0 + r_1 + r_2 + \cdots = 1$$

因此我們可以將此分配視為在長度為 t 的區間內，發生事件數目的分配。此分配稱為卜瓦松分配（*Poisson distribution*），為了紀念其發明者 S.D. Poisson 所命名的。λt 稱為此分配的參數

（*parameter*）。

　　卜瓦松分配的期望值（也就是符合卜瓦松分配之隨機變數 X 的期望值）就是參數 λt。這絕非巧合。畢竟，卜瓦松分配是利用一系列的二項式分配導出的，這也就是公式 9.1 的真諦所在。如果世上真有正義與真理存在，那麼公式 9.1 右手邊的二項式分配之期望值應近似於卜瓦松分配的期望值。在第 8.2 節我們知道參數為 n 與 p 的二項式變數之期望值為 np。在本例中，成功的機率 p 對應於 $\lambda t / n$，因此 np 對應於 $n \cdot (\lambda t / n) = \lambda t$。當 n 增加時，此數字不會被特定的 n 值所影響，所以二項式的期望值近似於卜瓦松分配的期望值（在本例中其實也就是等於），λt。因此，卜瓦松分配的期望值應為 λt。可以利用嚴謹的證明證實這一點（所以世上真有公理）。λ 值可以解釋為每單位時間內事件的平均發生次數；稱之為分配的密度（*density*）——為了導出 t 單位時間內事件的平均次數（或期望值），需將密度 λ 乘以 t。

　　現在是告訴你 r_k 到底是什麼的時候。首先我要先告訴（或提醒）你一些事實。第一點，若 a 是一個正實數，b 為任一實數，那麼 a^b 也是如假包換的實數。何謂實數？現在實在沒空詳細解釋；簡單說來，實數就是數字線上可以找得到的數字。第二點，一個相當出名的常數，e，地位有點類似另一個常數，π，在數學界中扮演重要的角色。常數 e 是無法整除的，大約等於 2.718。現在可以將卜瓦松分配寫成：

　　P（在長度為 t 的區間剛好有 k 次事件發生）　　　　（9.2）

$$= r_k = e^{-\lambda t} \frac{(\lambda t)^k}{k!} \quad 。$$

　　爲了計算右手邊，我們必須知道 λt 與 k。根據上述符號，e 與 λt 的次方定義出可以利用計算機估計至任何所欲精準度的實數。

　　由公式 9.2 可以清楚的發現有無限多個卜瓦松分配。當你指明參數 λt 時，便指明了特定的一個分配。此參數描述了固定區間內基本事件的平均發生次數。密度 λ 是單位長度之區間的參數。如果我們不知道參數 λt 而想要予以估計，就必須收集資料。在鄉間小路的問題中，我們必須假設一個卜瓦松模式，基本事件爲汽車經過咖啡館。爲了估計參數，連續幾個月每天在同一時間回到咖啡館，靜坐約一小時計算經過的汽車數目。（聽起來似乎不太有趣，不過我們可以放條電線穿越馬路，電線的兩端繫著計數器，每當電線被壓過時便記錄一輛汽車經過。）因爲一天當中不同的時間（例如尖峰時間和半夜）可能屬於密度相當不同的卜瓦松分配，所以我們必須在每天同一時間計算汽車數目。收集了所有資料以後，計算汽車的總數再除以所有小時數，就可以得到每小時經過車輛的平均數之估計值，因爲時間單位爲小時，此估計值便爲密度 λ。

　　我們現在準備好回答本節一開始時的問題。若我們接受侍者對於每小時五輛汽車經過的平均值估計，那麼便以 $\lambda = 5$ 作爲密度。因爲我們使用的單位時間爲小時，15 分鐘代表著 $t = 0.25$，

因此對 15 分鐘的區間而言，$\lambda t =（5）（0.25）=1.25$。利用公式 9.2 可知：

$$P（在 0.25 的區間無任何事件發生）$$

$$= e^{-1.25}\frac{(1.25)^0}{0!}= e^{-1.25} \approx 0.2865$$

此處我們使用任何數字的 0 次方為 1 的代數事實，而 0！亦為 1。事件「無任何事件發生」的相反是「至少有一事件發生」，因此此問題的答案是 $1-0.2865=0.7135$。

9.2　卜瓦松近似於二項式

卜瓦松分配來自於第 9.1 節的假設（a）、（b）與（c）。這些假設在許多實際情況中通常是成立的。但還有另一種不需利用這些假設便可以檢視卜瓦松分配的方法。在數學上，卜瓦松分配是二項式分配的極限形式；這也是公式 9.1 的真諦——當 n 增加時，右手邊的二項式機率趨近於卜瓦松機率。若 n 夠大，將 $p=\lambda t / n$ 和試驗次數為 n 的資料套入二項式公式求出的機率，等於利用卜瓦松分配求出的機率。注意此二項式情況中的 p 相當小而 n 相當大，因此 np 可導出適度的 λt 值。也就是說，當二項式的 p 相當小而 n 相當大時，可以使用卜瓦松分配作為替代。此時無須再擔心假設（a）、（b）與（c）是否成立；n 夠大與 p 夠小的二項式分配假設就已經夠了。

　　舉例來說，假設書中一頁至少有一個錯字的機率 p 估計約為 0.002，此時使用二項式模式：本例的試驗為每一頁，成功定義為至少有一個錯字出現，每一頁均獨立。一本 500 頁的書出現錯字的頁數少於兩頁的機率為何？可以使用二項式分配精確地計算此機率；只要把完全沒錯字與剛好一頁出現錯字的機率相加（見第 7.2 節）。可得

$$(0.002)^0(0.998)^{500}+500(0.002)^1(0.998)^{499},$$

　　就算有計算機還是個相當枯燥的過程，答案為 0.735959。另一方面，既然 p 相當小而 $n=500$，應該算蠻大的一個數字，所以可以使用卜瓦松分配計算二項式機率的近似值。參數（現在開始簡稱為 λ）值為（0.002）×（500）＝1。從公式 9.2 可知總和為 $e^{-1}(1+1)$，也就是 0.735759。二項式機率與卜瓦松近似值之間相當一致。

9.3　卜瓦松分配的應用

　　當我們描述卜瓦松分配時，我們使用時間區間，不過也可以使用其他的數量或單位。重點是，離散事件的發生必須有其媒介。舉例來說，我們可以預期巧克力碎片在麵團中的分配和星星在太空中的分配近似於卜瓦松分配。的確，卜瓦松分配在生活中相當普遍，因為假設（a）、（b）與（c）的限制不是太嚴格，這一點並不會讓人太意外。其他的卜瓦松或近似於卜瓦松的變數

包括了在一小時內上銀行的客戶人數、在固定時間內自放射性物
體散發的 α 粒子數目、一年內我在家接到的打錯電話數目，以及
超市一天內售出的芥末醬瓶數。在這些例子中，不是假設（a）、
（b）與（c）均成立，就是 p 極小和 n 極大的二項式分配。注意
若某項商品在超市銷售狀況極佳，那麼在一天內出售數目可能不
符合卜瓦松變數；此時客戶購買此產品的機率 p 可能過大。

　　一份早期研究計算在 1875 年至 1894 年間被騎兵隊馬匹踢死
的德國士兵人數，結果近似於卜瓦松分配。另一個較爲近代的例
子是在二次大戰期間 $V-2$ 飛彈擊中倫敦南區的分配。在後者，
該地區被分成 576 個面積相同的子區域。總共投射了 537 枚飛
彈，每個子區域被擊中的平均數目爲 0.9323，因此使用子區域作
爲單位，可得到密度 $\lambda = 0.9323$。定義指示變數 X_i 爲 0 或 1，視
第 i 個子區域是否被擊中而定。X_i 的期望值爲：

$$1 \cdot P（第 i 個子區域未被擊中）= e^{-0.9323} = 0.3936，$$

　　使用參數 λ 的卜瓦松分配作爲子區域被擊中之分配。子區域
未被擊中的總數 T_0 是所有 X_i 的加總，從公式 8.2 可知 T_0 的期望
值爲（576）×（0.3969）= 226.71。若將此理論數字與實際數字
229 相比，兩者相當接近。可以使用卜瓦松分配進行類似計算，
以估計剛好被擊中一次、兩次、三次等子區域的數目，所得結果
相當接近觀察到的實際數字。

9.4　卜瓦松過程

　　在第 9.1 節，我們利用一個長度爲 t 的區間，在（a）、（b）
與（c）的假設下，可知該區間內發生的事件次數符合參數爲 λt
的卜瓦松分配，其中 λ 爲某個正號的常數，亦即分配的密度。因
爲 t 不固定，我們可以將每個 t 想成是隨機變數 X_t，亦即在長度
爲 t 的區間內事件發生的次數。現在產生了隨機變數的連續集
合，其中每一個都有特定的 t 值。諸如此類的隨機變數集合稱爲
隨機或推測學過程，而這個特定的集合稱爲卜瓦松過程。卜瓦松
過程視單一的參數 λ 而定，而這個參數也就是該過程隨機變數
X_1 的參數。

　　因爲我們對於某些物理系統隨時間過去的演化相當感興
趣，所以推測學過程很重要。隨機變數 X_n 的序列便是推測學過
程的離散版本；在此序列中，只有整數值的次數是重要的──例
如在輪盤遊戲中第一次與第二次轉盤的結果。但在交通問題中，
我們可能想要記錄在任一時間 t 經過咖啡館的汽車總數，其中 t
均小於特定的時間 T。此卜瓦松過程的樣本路徑是（t、$X(t)$）平
面上，位於 $0 \leq t \leq T$ 區間的一段曲線；可以將在 t 時間內經過咖
啡館的汽車總數 $X(t)$ 繪在平面上求得此曲線。在直覺上會認爲
此曲線不會下降，同時隨著單位的增加而增加（對應通過汽車的
數目）。此直覺正確，理由將在第 17 章說明，圖 17.2 所示爲卜
瓦松過程的典型樣本路徑。所有可能曲線將構成可描述卜瓦松過
程演化的樣本空間，接下來便可使用高階的數學技巧予以研究。

✐　練習

1. 奶奶做的巧克力碎片餅乾，平均每一片餅乾有 5 個巧克力碎片。（a）使用卜瓦松分配估計某一片餅乾有 6 個巧克力碎片的機率。假設你在過去十週內每星期都吃一片奶奶做的餅乾（也就是說，餅乾之間互相獨立），估計以下的機率：（b）至少有一片餅乾完全沒有巧克力碎片。（c）所有餅乾都至少有一個巧克力碎片。（d）剛好一個餅乾有三個以上的巧克力碎片。

2. 一機器生產玩具的過程符合卜瓦松分配，產出瑕疵品的機率為 0.001。使用卜瓦松近似法計算在 1000 次試驗中剛好生產兩個瑕疵品的機率。

3. 某辦公室於早上 9 點至 10 點間的來電數約 30 通。使用卜瓦松分配計算在一般工作日的 9:45 至 10:00 間無任何來電的機率。

4. 客戶上銀行的情況符合卜瓦松分配，參數為 40（以 1 小時為單位）。已知第一個小時有 30 個客戶上門，計算在前一個半小時有 60 個客戶上門的機率為何。

5. 假設某昆蟲產下 r 顆卵的機率符合卜瓦松分配，參數為 5，並且假設每顆卵存活下來的機率為 p。同時假設每顆卵能否存活彼此獨立。（a）寫下剛好 k 個卵存活下來的機率（答案應為無窮級數），（b）若已知該昆蟲至多產下 3 顆卵，計算剛好一個卵存活下來的機率。

📖 第 10 章

賭徒傾家蕩產問題
的離散案例

　　赫曼抽出一張牌置於桌上，並用一疊鈔票壓著。看來是決鬥了。周遭隨即一陣沉默。

　　查克斯基用顫抖的手跟了這付牌。在他的右邊是一張 Q，左邊是一張 A。

　　「A 贏！」赫曼說，然後翻開他的牌。

　　「你的皇后 Q 被謀殺了。」查克斯基溫和地說。

　　赫曼一陣戰慄。的確，他翻開的牌不是 A，而是黑桃 Q。他不敢相信自己的眼睛。該死，他竟然抽錯牌，犯下這種不可能犯的錯誤。

Alexander Pushkin, The Queen of Spades

10.1　隨機漫步

假設你現在站在一條數字線的中心點（0）上面。你往右移動一步到 1 的機率爲 p，往左移動一步到 -1 的機率爲 $q=1-p$。重複此程序：不論最初移動方向爲何，現在再往右移動一步的機率仍爲 p，往左移動一步的機率爲 q。根據此規則繼續移動，就等於執行了隨機漫步。在移動 n 步後的位置，可以隨機變數 $S_n = X_1 + X_2 + \cdots + X_n$ 表示，其中 X_i 互相獨立，爲 1 與 -1 的機率各爲 p 與 q。

隨機漫步在很多情況中都相當重要。從賭徒的角度來看，變數 S_n 代表著賭徒在玩完 n 場賭局後的累積獲利，其中贏 \$1 和輸 \$1 的機率分別爲 p 與 q。化學家可能利用隨機漫步，做爲分子在一度空間中隨機運動的簡化模式（隨機漫步也可以應用於更多向量的空間之中）。關於隨機漫步有著許多美妙的數學問題。舉例來說，我們可能想要計算在一段時間後回到原點的機率，或是特定比例的時間內全都位於原點某一邊的機率，或是預估抵達整數 10 的所需時間。我們將在第十六章討論一些諸如此類的問題，但本章我們想要思考一個關於親愛的賭徒朋友的古老問題。

10.2　賭徒傾家蕩產的問題

現在我們想要研究一個賭徒傾家蕩產的經典問題。這個著名問題如下：賭徒一開始的賭本爲 \$$i$，對手有 \$$(a-i)>0$。每

一場賭局均獨立，而賭徒贏＄1與輸＄1的機率分別為 p 與 $q=1-p$。賭局不斷繼續直到一方破產為止，所以贏家最後會得到＄a。問題是：當賭徒一開始的賭本為＄i，最終輸掉所有錢的機率 q_i 為何？

　　賭徒傾家蕩產的問題和隨機漫步相關，不過賭徒一開始是站在整數 i 上而非原點（0）上。接下來開始隨機漫步的過程，直到賭徒先抵達 0（賭徒破產）或是先抵達 a（對手破產）。所以此隨機漫步絕不會離開 0 至 a 的區間；0 與 a 兩點有時稱為隨機漫步的邊界點。

　　上述說明似乎點出最終不是賭徒就是對手贏得賭局。但難道沒有另一種可能性，就是賭局不斷玩下去沒有結束的一天？的確有，但此問題的解答將證明賭局永不結束的機率為 0，一個在直覺上相當合理的結論。

　　我們可以完美地解決賭徒傾家蕩產的問題，但其中或許需要使用較為深奧的代數、做一些有點冗長的說明。你可以稍稍偷懶直接參考最終的答案〔公式 10.6 與 10.8〕，不過我建議你還是試著發揮一下代數的身手吧。以下是賭徒傾家蕩產問題的解法。

　　首先，讓我們看看樣本空間為何。可將其想像成包括了：（1）、賭徒輸光光：可以長度不定的整數有限序列表示（$i, y_1, \ldots, y_n, 0$），其中首項為 i，最後一項為 0，中間每一項均大於 0、小於 a；（2），賭徒贏得賭局（對手傾家蕩產）：可以如（1）的序列表示，不過最後一項為 a 而非 0；（3）永不結束的賭局：首項為 i，之後每一項均大於 0、小於 a 的所有無限序列之集合。

我們想知道的機率是（1）中最後一項爲 0 之事件的機率。找到此機率的關鍵在於下列事件的關係：

{最初賭本爲 \$ i 的賭徒傾家蕩產} ＝{賭徒贏得 \$ 1 但最終輸光 \$ (i+1)} ∪ {賭徒輸掉 \$ 1 但最終輸光 \$ (i−1)}，$1 \leq i \leq a-1$

使用此關係與條件機率之公式，可得：

$$q_i = pq_{i+1} + qq_{i-1},$$

將左手邊的 q_i 換成 $pq_i + qq_i$，可得：

$$pq_i + qq_i = pq_{i+1} + qq_{i-1},$$

重新排列後可得：

$$p(q_{i+1} - q_i) = q(q_i - q_{i-1})。$$

各除以 p 後，可得：

$$q_{i+1} - q_i = \frac{q}{p}(q_i - q_{i-1}) \qquad (10.1)$$

當 $1 \leq i \leq a-1$ 時，上述關係成立。公式 10.1 是差異等式的例子，也就是連續 q_i 值之間的差異之關係。現在定義：

$q_0 =$ P（賭徒一開始的賭本爲 0、最後破產）＝1

$q_a =$ P（賭徒一開始的賭本爲 a、最後破產）＝0

以上稱爲此問題的邊界條件（*boundary condition*）；分別指出該區間兩邊界點的情況。此處的意義是，若賭徒最初的賭本爲 \$0，那麼他一定會破產，若他已經達成目標贏得 \$$a$ 並且讓對手

破產了，那麼賭局就此結束因此破產機率為 0。

使用公式 10.1，我們可以寫出下列的遞迴等式：

$$q_2 - q_1 = \frac{q}{p}（q_1 - q_0）= \frac{q}{p}（q_1 - 1）$$

$$q_3 - q_2 = \frac{q}{p}（q_2 - q_1）=（\frac{q}{p}）^2（q_1 - 1）$$

$$\vdots$$

$$q_i - q_{i-1} =（\frac{q}{p}）^{i-1}（q_1 - 1）$$

在這裡我們使用一些小技巧—將遞迴等式的左手邊與右手邊分別予以加總。在左手邊得出的結果稱為萎縮加總（*collapsing sum*）；介於首項與第 i 項間的每一項均互相抵銷。在右手邊則產生了有限幾何級數。既然我們加總的是等式，因此兩邊相等。首先，假設 $p \neq 1／2$，因此可以使用有限幾何級數的公式產生：

$$q_i - q_1 =（\frac{q}{p} +（\frac{q}{p}）^2 + \cdots +（\frac{q}{p}）^{i-1}）（q_1 - 1）\quad（10.2）$$

$$= \frac{\frac{q}{p} -（\frac{q}{p}）^i}{1 - \frac{q}{p}}（q_1 - 1）$$

〔若 $p = q = 1／2$，那麼公式 10.2 的右手方無意義，因為分

母為 0。〕將 $i=a$ 代入此關係中，可得：

$$- \quad q_1 = q_a - q_1 = \frac{\frac{q}{p} - \left(\frac{q}{p}\right)^a}{1 - \frac{q}{p}} (q_1 - 1) \quad , \quad (10.3)$$

可以簡化成 $-q_1 = K(q_1 - 1)$，其中 K 為固定常數。可得 $q_1 = K/(K+1)$；將公式 10.3 中的 K 值為何代入可得：

$$q_1 = \frac{\frac{q}{p} - \left(\frac{q}{p}\right)^a}{1 - \left(\frac{q}{p}\right)^a} \quad 。 \quad (10.4)$$

現在回到公式 10.2 解 q_i，可得：

$$q_i = q_1 + \frac{\frac{q}{p} - \left(\frac{q}{p}\right)^i}{1 - \frac{q}{p}} (q_1 - 1) \quad 。 \quad (10.5)$$

產生以 q_1 表示的 q_i，這個我們在公式 10.4 中已經解開了。將此代入公式 10.5 中並且使用代數簡化，因此可知當 $p \neq 1/2$ 時的最終答案為：

$$q_i = \frac{\left(\dfrac{q}{p}\right)^i - \left(\dfrac{q}{p}\right)^a}{1 - \left(\dfrac{q}{p}\right)^a} \qquad \text{。} \qquad (10.6)$$

現在回到當 $p = q = 1/2$ 的情況，觀察公式 10.2 中仍成立的第一個等式，簡化成：

$$q_i - q_1 = (i-1)(q_1-1) \qquad \text{。} \qquad (10.7)$$

當 $i = a$ 時，變成了：

$$q_a - q_1 = -q_1 = (a-1)(q_1-1) \qquad ,$$

因此得以解出 q_1 為：

$$q_1 = \frac{a-1}{a} \qquad \text{。}$$

將此關係代入公式 10.7 可得當 $p = q = 1/2$ 時：

$$q_i = 1 - \frac{i}{a} \qquad \text{。} \qquad (10.8)$$

公式 10.6 與 10.8 分別告訴我們當 $p \neq 1/2$ 與 $p = 1/2$ 時賭徒破產的機率。賭徒贏錢的事件等於對手破產的事件，同樣可使用公式計算出來，但需要將 p 與 q 互換，以（$a-i$）替代 i。當 $p = q = 1/2$ 時，那麼：

$$p_i = P\ (賭徒贏錢) = 1 - \frac{a-i}{a}$$　　　　，

我們馬上就可以證明 $p_i + q_i = 1$；也就是說，遊戲在有限賭局後一定會結束，賭徒不是贏錢就是傾家蕩產。若 $p \neq 1/2$，那麼：

$$p_i = \frac{\left(\dfrac{p}{q}\right)^{a-i} - \left(\dfrac{p}{q}\right)^{a}}{1 - \left(\dfrac{p}{q}\right)^{a}}$$　　　　，

此時只要利用一些代數技巧也可以證明 $p_i + q_i = 1$。

以下是賭徒傾家蕩產模式適用的情況之一。假設你身上帶著 $100 走進一家賭場，選擇一個可以不停地玩、每次贏 $1 的機率均相同的遊戲。你的策略是不斷地玩，直到輸光光或是贏 $10，視何者先發生。一旦贏了 $10 就退出。此時可使用賭徒傾家蕩產的模式，假設賭場（對手）在輸了 $10 後便倒閉。因為賭場中的遊戲均不利於賭徒，因此此處適用於 $p < q$ 的公式 10.6。令 $i = 100$，$a = 110$，可得：

$$q_i = \frac{\left(\dfrac{q}{p}\right)^{100} - \left(\dfrac{q}{p}\right)^{110}}{1 - \left(\dfrac{q}{p}\right)^{110}}$$　　　　。　　　（10.9）

　　若賭徒玩得是喜巴拉遊戲，由第六章我們知道 p 與 q 分別大約等於 0.493 與 0.507，因此 q/p 約為 1.028。將此代入上述關係並且使用計算機與對數，得出 q_{100} 約為 0.253。因此賭本為 \$100 的賭徒，在喜巴拉遊戲中有四分之一的機會在贏得 \$10 前就傾家蕩產。

　　既然喜巴拉遊戲中的 p 與 q 都非常接近 0.5，因此比較以上的結論和公式 10.8 中公平遊戲的結論是很有趣的。由公式 10.8 可知，若賭本為 \$100 的賭徒在贏得 \$10 或傾家蕩產後會退出遊戲，他有 0.091 的機率輸光光，低於十分之一。本例顯示既使只對公平遊戲稍稍改變了一些機率使其成為不利的遊戲，但卻大大地增加傾家蕩產的機率。

10.3　放手一搏還是謹慎的玩？

　　現在讓我們思考一個有趣的問題：賭徒可不可以靠著改變賭注金額影響贏錢的機率？現在假設賭徒在整場遊戲中的下注金額均相同，但賭局一開始時可以選擇賭注金額。在本例中賭徒有 \$100 元，贏 \$10 後便離場，他可以下注 \$1、\$2、\$5 或 \$10。那麼應該選擇哪一種呢？若下注 \$2，那麼數學模式的單位便改變了，因此公式也必須改變以反映事實。若現在的單位為 \$2＝1 個籌碼，那麼賭徒的賭資 \$100 就變成了 50 個籌碼，最後必須有 55 個籌碼賭徒才會離場不玩。p 與 q 的值仍相同，公式 10.9 變成了：

$$q_i = \frac{\left(\dfrac{q}{p}\right)^{50} - \left(\dfrac{q}{p}\right)^{55}}{1 - \left(\dfrac{q}{p}\right)^{55}}$$

。

　　若將喜巴拉遊戲中 1.028 的 q/p 值代入，答案約為 0.165。因此賭徒可以透過將賭注金額由 $1 增加至 $2 減少傾家蕩產的機率。若下注 $5，此時單位為 $5，最初的籌碼有 20 個，必須有 22 個籌碼才會離場。使用經過適當修改的公式 9.2，傾家蕩產的機率變成了約 0.118。最後，若下注 $10，以相同方式計算的機率約為 0.104。因此若賭徒下注金額為 $10 而非 $1，就可以將傾家蕩產的機率從大約四分之一減少至大約十分之一。

　　上述的計算顯示在本例中，賭徒應盡可能下最高的賭注金額以達成目標。對公式 10.6 與公式 10.8 進行代數分析（此過程省略）可證明這一點，亦即在賭徒傾家蕩產的模式中，對於處於不利地位（$p<q$）的賭徒而言，放手一搏（押下最高的賭注金額）是最好的策略。相反的，若賭局對賭徒有利，那麼應押最小的賭注金額。為了理解這個奇妙的結論，試著想像當賭注越小時，意味著平均說來賭局將拖延較久，此時大數法則便對處於劣勢的玩家收取費用了。另一方面，若賭注較大，那麼遊戲時間較短，也較不可能造成鉅額損失。此論點對你而言可能合理可能不合理，若你覺得此論點不太合理，別傷心－你該欣慰我們還可以利用數學導出嚴格的證明。

　　如同所有的數學運用，千萬別誤解了此結論的意義。從第七章已知若賭局對賭徒不利，單單改變賭注金額無法將不利遊戲轉變成有利的。不過，賭徒可以建立某種的損失控制─雖然他沒辦法取得賭局優勢，但若賭徒的目標有限就可以極小化傾家蕩產的機率，也就是在贏得特定金額後就退出遊戲，如果他還沒輸光光的話。控制損失的策略就是放手一搏，儘可能押最高的賭注以達成目標。

✍ 練習

1. 你現在正在玩喜巴拉遊戲，贏一場得到 $1、輸則付出 $1。一開始的賭本有 $3，你決定一直玩到輸光光或是贏得 $6。計算自己傾家蕩產的機率。如果你可以改變賭注金額，最佳策略為何？

2. 對輪盤遊戲重做上題，此時你每次都押注於紅色數字。

3. 假設你現在玩經典遊戲（第 10.2 節），$p = q = 0.5$，一開始的賭本有 i，贏得 $2i$ 後就會退出賭局。假設你可以決定賭注金額，證明放手一搏不會比審慎地玩更為有利。若 p 變成（a）0.499，（b）0.501，情況又為何呢？

4. 金潔和福雷德正在玩下述遊戲：福雷德給金潔 $5 的機率為 1/5，金潔給福雷德 $5 的機率為 4/5。金潔最初的賭本為 $5，遊戲將持續到金潔破產或財富累積到 $15 為止。金潔知

　　道遊戲對她不利,但福雷德安慰她若她輸光他會陪她跳舞一整

晚。(a)不使用公式,直接計算金潔輸光光的機率。(提示:

金潔只可能在第一次、第三次、第五次等賭局傾家蕩產。計算

這些機率,同時得到可以加總的無窮級數。)(b)現在使用

第 10.2 節的公式計算金潔傾家蕩產的機率。當然,此答案應

與(a)的答案相同。

5.　假設某遊戲的玩法類似第 10.2 節的典型遊戲,唯一的不同是

一開始的賭本為 $i 的賭徒,在每次賭局中可能贏得固定金額

$s \geq 1$ 或是輸 $1。假設賭局將持續到賭徒傾家蕩產或是贏得

a（$a > i$）時為止。令 v_i 為賭徒在此遊戲中傾家蕩產的機率,

q_i 為賭徒在典型遊戲中傾家蕩產的機率。不利用任何計算,證

明 $v_i \leq q_i$ 之不等式合理。

📖 第 11 章

折筷、擲針等等：連續樣本空間的機率

所有的事物都是流動的。

Heraclitus

11.1　自區間隨機選擇數字

　　到目前為止，我們研究了離散樣本空間與離散隨機變數（見第一章與第七章）。不過還是有離散樣本空間無法適用的問題，這是因為可能的出象實在太多了。假設我想在 0 至 1 的區間內隨機選擇一數字。首先暫且忽略此處隨機一詞的精確意義，我們可以發現被選上的數字可以是此區間內任何的數值，因此可能的數值屬連續集。此連續集內的數字如此多，根本無法使用正整數來計算；因此樣本空間並非離散，而是所謂的連續樣本空間。

　　對於連續樣本空間，第一個要解決的重要問題是決定基本事件為何。在離散樣本空間中，各個出象都分配了一個正的機率。

若要找出更為複雜之事件的機率,我們只要將此事件內所有出象的機率相加即可。但現在情況更加棘手了。如在數字區間的連續樣本空間中,我們無法分配正的機率給所有出象,也就是區間內的所有數字。勉強嘗試分配機率,將違反所有機率之加總等於一的法則(其加總甚至可能是無窮大的)。這代表在計算連續事件的機率時,無法像離散樣本般以個別出象作為基礎。我們需要一個新概念。

進入連續樣本空間的第一步,就是將樣本空間內的子區間視為計算事件機率的新基礎。舉例來說,若樣本空間就是從 0 到 1 的單位區間,令 $X=$ 自此區間選出的一個數值,現在我們對於 $\{X=a\}$ 的出象不再感興趣,我們想知道的是 $\{a<X<b\}$ 的事件,其中 $0\leq a<b\leq 1$。後者才有正的機率,由此也才能計算更複雜之事件的機率。在前幾章學到的機率法則仍然適用,例如若 P($0<X<1/4$)$=p_1$,P($3/4<X<1$)$=p_2$,那麼 X 位於 0 至 1/4 或 3/4 至 1 兩區間的機率為 p_1+p_2。

現在已知基本事件為區間,那麼自單位區間內隨機選擇一數字的意義為何?若我們自區間隨機挑選一數字,每個數字被選上的機率似乎均相等。但根據上文,產生此種機率分配是不可能的。既然我們感興趣的基本事件不再是個別的點,尋找類似於離散均等分配的連續集表示似乎很合理。過去是每個出象都具有相同的機率,但在連續的均等分配中,則是每一個子區間都和其他長度相等的子區間擁有相同的機率。在可能性相等的假設下,這意味著子區間的機率和其長度成比例。對單位區間而言,子區間

的機率就是其長度；對於 0 到 20 的區間，任一子區間的機率就是其長度除以 20。一般說來，若在區間 I 上定義的隨機變數 X 位於任一子區間 U 的機率，等於 U 的長度除以 I 的長度，那麼就可以說 X 符合均等分配。我們可以證明任何出象 $\{X=a\}$ 的機率必定為 0。事件 $\{X=a\}$ 位在長度為 m 的區間 I_m 上，m 之值相當小，利用機率法則可知 P $(X=a)$ ≦ P $(I_m)=m$。既然 m 是越小越好的正數，P $(X=a)=0$。

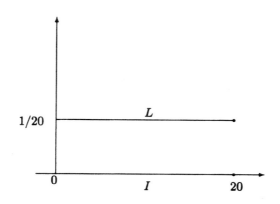

圖 11.1　均等分配之密度（縱軸之單位予以放大）

　　連續樣本空間中區間的機率可以用圖表完美呈現。我們首先展示最簡單的均等分配圖示。假設自 0 至 20 的區間 I 位於 x-y 平面的 x 軸上（見圖 11.1）。現在連接點（0，1／20）與（20，1／20）

形成 L 線；L 與 I 平行，相距 1／20 個單位。現在若在 I 上有任一子區間 J，可以利用位於 J 與 L 之間的面積求得 J 的機率；的確，此區域就是長＝子區間 J 之長度、高＝1／20 的矩形，其面積就是其乘積，因此產生了均等機率。現在定義以下的方程式：

$$f(x) = 1／20，0 < x < 20；否則 f(x) = 0$$

方程式 f(x) 稱爲此均等分配的密度方程式（density function）。密度方程式爲數字線上的每一點分配權重。這些權重本身並非機率，但透過決定區間上的面積便可以決定區間的機率。在本例的均等分配中，I 的密度 f(x) 爲常數 1／20，代表 I 上每一點均爲相同的正權重。I 之密度 f(x) 圖示便爲 L 線。但一旦離開 I 後密度變成 0—此時 f(x) 的圖示變成 I 以外的 x 軸。所以若令 K 爲介於 30 至 40 的區間，那麼因爲 f(x) 以下、K 以上之間的面積爲 0，因此 f(x) 分派給 K 的機率爲 0。

一般說來，連續隨機變數 X 的分配，就是假設已知 X 位於數字區間線內的區間 J 上，將機率 P（J）分配給位於數字線上的區間 J。找出此分配的方式通常就是爲分配決定密度方程式，也就是被用來計算位於 f(x) 以下、J 以上之區域的面積以求出任一區間 J 之機率的非負數方程式或是在 x-y 平面上定義的曲線 f(x)。此外，位於曲線以下，數字區間線以上的面積永遠等於 1。類似上述均等分配密度的論點可證明當 X 擁有密度方程式時，任一點 a 的 P（X=a）=0。隨機變數 X 的累積分配方程式（或簡稱爲分配方程式）爲 F（t）= P（X < t）。若 X 的密度方程式爲

$f(x)$，那麼 $F(t)$ 就是在 $x<t$ 的區間內，位於 $f(x)$ 以下的面積。

　　由上所見，現在重點從樣本空間移往了位於數字區間內的隨機變數。這是因為實務中我們感到興趣的通常是一或多個隨機變數。在機率學的大部分問題中，你通常只會知道隨機變數的密度方程式（若為離散則為分配）而不會知道其樣本空間。你應該瞭解在此類問題中，隨機變數所在的樣本空間可以輕易地建構。

_11.2_　公車靠站

以下問題使用第 11.1 節的概念。

　　菲力貓在晚上 6 點到 7 點之間隨機來到公車站牌。如果菲力貓想搭的公車，在六點、六點半與七點整離開此站牌，那麼菲力貓必須等待超過十分鐘才能搭到正確公車的機率為何？

　　令 S 為樣本空間，單位為 0 到 60 分鐘，同時令 $X＝$菲力貓在六點以後抵達公車站牌的時間，單位為分鐘。此外，文中的隨機一詞意味著 X 在區間內為均等分配：菲力貓在任一時間區間內抵達的機會均相等。現在讓我們解決此問題。若菲力貓在 6 至 6：20 之間，或 6：30 至 6：50 之間抵達則必須等待超過十分鐘（注意，菲力貓沒搭上六點鐘公車的機率是 1，因為他剛好在六點鐘抵達公車站牌的機率為 0）。所以「菲力貓等待超過十分鐘」的事件，可以事件之聯集表示，$I＝I_1 \cup I_2$，其中 I_1 與 I_2 分別代表 6 點至 6：20、6：30 至 6：50 的時間子區間。根據均等分配的定

義，I_1 與 I_2 的機率均為 20／60＝1／3，因此這兩個未重疊事件的聯集機率為 2／3。結論是菲力貓等待超過十分鐘的機率約為 2／3。

_11.3_ 連續隨機變數之期望值

　　在前幾章，我們只討論離散樣本空間與隨機變數。對於離散變數 X，我們將 EX 定義為 X 的期望值（見第七章）。將 X 的各個離散數值乘上 X 為此數值的機率，然後予以加總就可以求出 EX 的數值。但對於連續隨機變數（也就是可能數值為連續的隨機變數），EX 的定義不再適用，因為各個出象的機率通常為 0，現在的基礎應該是區間而非個別出象。有什麼方法可以將期望值的概念擴及連續隨機變數嗎？

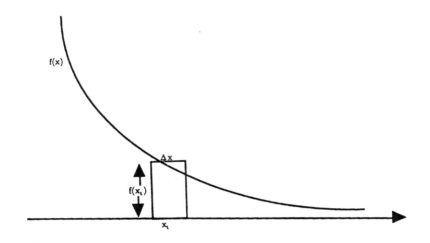

圖 11.2　　矩形之面積近似於 X 點位於其底的機率

　　對此問題的回答是大聲說「YES」，這也就是英國的牛頓與德國的 Gottfried Wilhelm Leibniz 在 17 世紀幾乎同時發明微積分的原因。在這裡我想讓你大概瞭解一下有哪些相關的概念。在離散隨機變數的情況中，X 之期望值是 X 可能數值的加權平均。為了計算期望值，必須將每一項的 $x_i \cdot P(X=x_i)$ 相加。然而在連續隨機變數的情況中，我們知道此過程的結果為 0，所以我們現在該做的是著手於機率為正的區間。在數字線上定義出密度方程式 $f(x)$。將數字線分割成長度均相等的小區間，寫成 Δx。現在若 $f(x)$ 是個不會過度異常的方程式，那麼它在各個小區間的變異性便不會太大，因此選定一個區間如 J_i，在其中挑選任一點 x_i，現在想想 $f(x_i) \Delta x$。這是高為 $f(x_i)$、寬為 Δx 的矩形，同時也是曲線 $f(x_i)$

以下、J_i 以上的面積近似值（見圖 11.2）。已知在密度方程式與區間之間的面積，爲屬於該密度方程式之隨機變數 X 位於該區間之機率。代表了：

$$f(x_i) \Delta x \approx P \ (X 位於 J_i) \qquad (11.1)$$

使用公式 11.1，若現在爲離散分配的情況應寫成：

$$x_i \cdot P \ (X = x_i)$$

不過此處則爲，

$$x_i \cdot f(x_i) \Delta x \qquad (11.2)$$

大約等於 x_i 乘以 X 位於 J_i 的機率。我們現在應該把數字線分成許多個未重疊的小區間 J_i，爲各個小區間計算公式 11.2 的數值，然後再把所有子區間 J_i 的數值相加。最後的答案就是我們想知道的 X 之加權平均。當然，我們對於區間大小的選擇以及各區間內 x_i 的決定都會影響最後求出的答案。不過微積分原理爲我們捎來了好訊息。若令區間長度越小越好（因此區間的數量會無限制地增加），此時公式 11.2 的各項加總有何變化？因爲 Δx 越來越接近 0，因此每一項也都趨近於 0，但項數卻無限制地增加。若 $f(x)$爲正常的密度方程式，那麼公式 11.2 的各項加總會有極限值（也就是說，各項加總會越來越接近某個數值）。我們將此極限值定義爲 X 的期望值。微積分也提供一些計算期望值的好方法。當然，如同離散變數的情況，連續集也可能不存在期望值。通常發生於密度方程式未充分限制時。若 X 在 a 至 b 的區間內均

等分配，其中 $a < b$，*EX* 等於（$a+b$）／2 是個很合理的結論。因此在上述等公車問題中，我們可以說菲力貓抵達公車站牌的預期時間爲 6：30。

11.4　**常態數字**

　　均等分配在單位區間上的一個有趣應用涉及了所謂的「常態數字，*normal number*」（數學家很喜歡將具有典型、可預期或只是悅人特質的目標命名爲常態。）爲了定義何謂常態數字，將介於 0 與 1 之間的每個實數，以標準十進位系統無限制地表示。每一個有限的小數（如 0.135）都有兩種小數點表示的方法，其中之一是以不中斷的 9 表示的連續數字（0.135＝0.134999…）。除此之外，區間內其他的實數都有獨一無二的小數點表示方法。對於有限小數，如果我們同意只採用連續數字的表示方法，那麼區間內每一個實數都分別對應了一個無限的小數點表示法，$0.x_1 x_2 x_3 \cdots$。令 k 爲 0 到 9 之間的數字元之一。對於任何正整數 n，可以定義出隨機變數 Z_n^k（x）爲（$0 < x < 1$），

Z_n^k（x）＝（在 x 的前 n 項小數點表示中，等於 k 的數字元數目）／n

　　變數 Z_n^k（x）僅僅告訴我們數字元 k 在 x 的前 n 項小數點表示中出現的相對次數。x 稱爲十進位的常態，當 n 無限制地越來越大時，Z_n^k 趨近於 1／10，也就是說，當 n 越來越大時，Z_n^k 也越來越接近 1／10，k 可以是 0、1、…、9 之間任一個數字。我

們將「十進位的常態」簡稱為常態，不過你必須注意，在數學的
文獻中，無修飾語的「常態」一詞通常不只代表著 x 為十進位的
常態，x 還具有本書未深入討論的其他美好特質。

我們可以數學方式表示 x 的常態性：

$$\lim_{n \to \infty} Z_n^k = \frac{1}{10} \ , \qquad\qquad k = 0 、 1 、 \cdots 、 9$$

也就是說，常態數字 x 具有一個相當吸引人的特質，那就是
一般說來，自 0 到 9 的數字元在 x 的小數點表示中出現的次數大
約佔總次數的 1／10。

當我們檢視有限或重複的小數點表示時，馬上就可以找出許
多非常態的數字（如 $0.1212\cdots$）。現在，一個更有趣的問題是，
我們如何找出常態數字，或更基本的問題，常態數字是否存在。
我現在要使用大數法則大略說明一論點，可證明在 0 至 1 的區間
存在著許多的常態數字。事實上，區間內大部分的數字都是常態
的。現在，我們將此區間視為均等分配。對於區間內的所有 x，
令其小數點表示為 $0.x_1x_2x_3\cdots$。首先，我們要先看看數字元 0。將
隨機變數 U_i 定義為數字元 0 在 x 小數點後第 i 位出現的指示變
數；也就是說，若 x 小數點後第 i 位出現 0，那麼 $U_i = 1$，否則
$U_i = 0$。因此可得：

$$\frac{U_1 + U_2 + \cdots + U_n}{n} = Z_n^0 \qquad\qquad 。$$

現在因為我們使用均等分配，所以可以證明變數 U_i 互相獨立，多麼美妙啊！首先，讓我們思考一下數字在單位區間上的小數點表示，如何決定該數字在該段區間的幾何位置。將單位區間分成十個長度相等的子區間，稱之為第一階子區間。x 的小數點後第一位數字 x_1 決定 x 落在子區間（x_1+1）之內。若 $x_1=0$，那麼 x 落在自 0 到 0.1 的第一個子區間內，若 $x_1=1$，那麼 x 落在自 0.1 到 0.2 的第二個子區間內。現在將這十個子區間再分成十個長度相等的子區間，稱之為第二階子區間。假設已知 x 小數點後兩位數字 x_1 與 x_2。這兩個數字元決定 x 落在第一階子區間（x_1+1）之內，以及第二階子區間（x_2+1）之內。繼續此過程，將第 i 階的子區間分成十等份，產生第（$i+1$）階的子區間。x 接下來的數字元就會落在越來越小的子區間以內，因此當我們提供 x 所有的數字元以後（理論上成立），x 理應會對應至區間內的特定一點。

現在回到變數 U_i。讓我們試著計算 P（$U_1=1$），其中 P 代表假設單位區間屬於均等分配求出的機率。這就是小數點後第一位數字元為 0 的機率；換句話說，數字落在 0 至 0.1 的子區間內。根據均等分配，我們想要計算的機率就等於該子區間的長度，0.1。那麼（$U_2=1$）又如何呢？若第二位數字為 0，數字必須落在第二階子區間中的第一個。每個子區間的長度均為 0.01，但因為事件 {$U_2=1$} 並未限制數字的第一階子區間為何，因此可以是十個相鄰可能子區間中的一個，所以 P（$U_2=1$）=（10）×（0.01）=0.1。現在計算

$$P（U_1=1，U_2=1）$$

亦即前兩個數字元均為 0 的機率。此事件的必要條件是 x 必須位於第一個第一階子區間與第一個第二階子區間，所以機率等於 0.01。由此可知：

$$P（U_1=1，U_2=1）=0.01=（0.1）\times（0.1）=P（U_1=1）\cdot P（U_2=1）$$

顯示事件 $\{U_1=1\}$、$\{U_2=1\}$ 互相獨立。延續此推論，我們可以證明 U_i 變數序列如預期般互相獨立。

U_i 不僅相互獨立，而且分配相同：$P（U_1=1）=0.1$，$P（U_1=0）=0.9$。現在是大數法則出場的時候了。根據大數法則：

$$P（\lim_{n\to\infty}\frac{U_1+U_2+\cdot\cdot\cdot+U_n}{n}=EU_1）=1$$

也就是說，此單位區間內每一點都趨近於 EU_1 的機率為 1，既然 $EU_1=（1）\times（0.1）+（0）\times（0.9）=0.1$，此公式證明了一般說來，數字元 0 在幾乎所有以小數點表示的數字中出現的次數大約佔總數的十分之一。同理可證其他的數字元亦若是，因此當我們利用均等分配計算機率時，大部分的數字均為常態。

此種常態數字之集合看起來像什麼？嗯，不可能是一個子區間，因為所有的子區間都包含了許多非常態的數字。不幸的是，當我們處理連續樣本空間時，可由此樣本空間形成各式各樣的點與集合，適用的數學方法可能相當精細，集合也可能非常複雜。基本的概念是，利用區間的聯集與交集，可以創造出許多的集

合，讓我們可以有意義的方式定義出機率，此種集合稱為可評估
的（*measurable*）。區間的機率分配，如均等分配，可以拓展至
所有可評估集合的機率公式中，例如我們在離散情況中導出的機
率公式均成立。重點是，常態數字的集合，雖然不像區間或區間
聯集那麼簡單，但卻是機率為 1 的可評估集合。如果你想用幾何
方式理解常態數字，想像單位區間上因為很多數字消失了所以產
生好多個洞。單位區間的每個子區間都有一些洞，這些洞密密麻
麻的。但因為這些消失了的數字的總機率趨近於 0，所以似乎也
不算太多。所以常態數字仍構成單位區間內大部分的數字，事實
上，以技術面來看，幾乎是所有的數字。

　　以上證明了單位區間內有無數的常態數字。事實上，數量之
大使其出現機率近似於 1。不過當你深入思考時，還是會發現一
些異常古怪的事。儘管常態數字比比皆是，但要舉出一些例子也
不是那麼地簡單。在下列數字中，

$$0.0123456789 0123456789 \cdots$$

　　十個數字元不斷地重複出現。但對於單位區間上的數字 x，
除非是類似有限或不斷重複之數字的特殊樣式，否則我們很難判
定 x 是否為常態數字。例如，雖然數學家已經把 π 計算到小數點
後數百萬位之處，但還是沒人知道 π 的小數點後數字是否為常
態。常態數字為何難以證明的理由相當簡單：當你宣稱某個數字
為常態時，這代表了這個數字小數點後所有數字均為常態。一般
說來，充分理解某數字小數點後所有數字之模式是相當困難的。

不管某一段的小數點表示有多長，都無法告訴我們這個數字是否
為常態，因為常態數字並非由特定某一段的小數點表示所決定。
所以我們現在身處於數學界常出現的矛盾情況——證明特定目標
存在很簡單，但要舉出一些例證卻很困難。我們已經證明了常態
數字到處都是，在單位區間上隨機選擇數字 x，幾乎可確定該數
字一定為常態，但除非數字元之間存在著某些特殊關係，否則到
目前為止，還是沒有普遍的方法可以證明特定的 x 屬於常態。

11.5 ▪Bertrand 的矛盾

在 1889 年，L.F. Bertrand 提出下列問題：

> 假設現在有一個等邊三角形內接於一圓。隨機選擇一
> 弦。此弦的長度大於等邊三角形每一邊之長度的機率為
> 何？

為了理解這個問題，首先你可能要回想一些關於平面幾何的
概念與術語（見圖 11.3）。圓內的弦就是終點都在圓周上的直線。
等邊三角形每一邊的長度都相等，每個角都是 60°。若三個頂點
都位於圓周上，則此三角形內接於圓。此問題有時稱為 Bertrand
的矛盾，因為至少有三個以完美推論作為後盾的答案都是可能
的。理解此矛盾的關鍵在於了解隨機選擇一弦的定義並不精確。
有很多種方式可以解釋此種隨機選擇，每一個都導出不同的答
案。

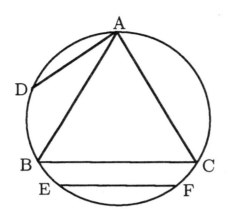

圖 11.3　　內接於一圓的等邊三角形 *ABC* 與弦 *AD* 與弦 EF

　　解法 1：在圓內，繪出一條與等邊三角形任一邊垂直的半徑。隨機選擇一弦可以解釋為在此半徑上，根據均等分配選擇一點 *Q*，繪出一條穿過 *Q* 點且與半徑垂直的弦。我們可以很明確地知道若 *Q* 位於三角形之內，那麼以此方式繪出的弦必定大於三角形的邊長。為了計算 *Q* 位於三角形之內的機率，我們僅需要找出圓心和三角形的邊的距離。根據基礎幾何學可知答案為 *r* / 2，其中 *r* 是圓的半徑。因此我們想要知道的機率等於（*r* / 2）/ *r* = 1 / 2。

　　解法 2：在三角形的頂點 V，繪出圓的切線 T。想像所有以 V 作為終點的弦。此種弦與 T 相交的角度介於 0°到 180°之間。從另一方面來看，若已知角度為何就可以決定一條獨一無二的弦。隨機選擇一弦可以解釋為根據均等分配選擇介於 0°到 180°

之間的角度。只要該弦位於三角形之內，那麼弦的長度就會大於
三角形的邊長。根據基礎幾何學可知當弦與 T 相交的角度介於
60°到 120°之間時，上述成立。所以機率為（120−60）／180＝
1／3。

我們相當鼓勵讀者自己找出隨機選擇一弦的其他解釋，產生
第三個答案。

11.6 何時才會變出一個三角形呢？

以下是個涉及兩獨立均等分配的有趣小問題（參見圖 11.4）。

假設你現在有一根筷子，在筷子上隨機選擇一點 X，之
後再隨機選擇一點 Y，兩選擇互相獨立。將筷子自點 X
與點 Y 折斷，可以形成三段。這三段變出一個三角形的
機率為何？

圖 11.4 利用點 X 與點 Y 將筷子折成三段

若不從正確的角度來看這個問題是很難解決的。注意在筷子
上隨機選擇兩點，可以想成是在一單位空間上選取一點（X，Y）
〔此單位空間的四個頂點為（0，0）、（1，0）、（0，1）與（1，
1）〕。既然每一點的選擇是獨立與均等的，若 $0 \leq a < b \leq 1$ 且 0

$\leq c < d \leq 1$，那麼：

$\mathrm{P}\;(\,a < X < b\,\text{且}\;c < Y < d\,) =$

$\mathrm{P}\;(\,a < X < b\,)\cdot \mathrm{P}\;(\,c < Y < d\,) = (\,b - a\,)\;(\,d - c\,)$　，

代表 $(X，Y)$ 在單位空間內位於同一矩形內的機率為該矩形的面積。一般說來，$(X，Y)$ 位於單位空間內任何區域的機率即該區域的面積。下一步就是試圖找出並定義可使三段形成三角形的 X 與 Y 之條件。首先，假設情況 1：$0 < X < Y < 1$。因此三段的長度分別為 X、$Y - X$ 與 $1 - Y$。讓這三段形成三角型的條件相當簡單：任兩段的長度和必須大於另一段的長度（反映了兩點之間最短的距離為直線的幾何事實）。根據這些條件，可得：

$X + (\,Y - X\,)$　　　　　　　　　$> 1 - Y$

$(\,Y - X\,) + (\,1 - Y\,)$　　　　　　$> X$

$(\,1 - Y\,) + X$　　　　　　　　　$> Y - X$

可以簡化成三個不等式：$X < 0.5$，$Y > 0.5$，$Y - X < 0.5$。不難理解（如果你知道如何在平面上繪點的話）滿足這三個不等式的 $(X，Y)$ 位於三頂點為 $(0，0.5)$、$(0.5，0.5)$ 與 $(0.5，1)$ 的三角形區域內。此直角三角形的底與高均為 0.5，面積等於 $1/8$。因此在情況 1 中，X 與 Y 形成三角形的機率，也就是 $(X，Y)$ 位於直角三角形內的機率，等於 $1/8$。現在我們必須考慮情況 2：$0 < Y < X < 1$。因為對稱性，此情況將產生完全相同的答案，$1/8$。第三種情況可以直接忽略，亦即 $0 < X = Y < 1$，因為此事件等於單位空間中的一條直線，因此面積（機率）等於零。此問題的答

案就是情況 1 與情況 2 的機率和：1／4。

_11.7_ Buffon 的擲針問題

上述的 Bertrand 矛盾合併了幾何概念與機率。處理此類問題的機率學派自然而然地就命名為幾何機率學（ _geometric probability_ ）。或許在此領域中最古老的問題是 Buffon 在 1777 年提出的擲針問題。問題如下：在桌上、地板上或任何平面上，放上兩條距離 D 單位的平行線。將一個長度為 $L \leqq D$ 的針隨機拋向此平面。針可能和任一直線交叉，或是落在兩直線之間的區域。找出針與任一直線交叉的機率。

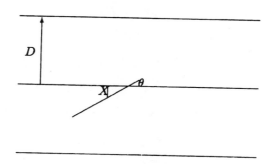

圖 11.5 **長度** $L \leqq D$ **的針落在平面上的情形**

為了解決此問題，圖示針落在平面的情況（見圖 11.5）。令 X 為針的中心點與最近的直線之距離，令 θ 為針與正向直線（由

左向右上升）的角度。θ 可能介於 0 到 180 度之間。以弧度而非絕對度數來計算角度較爲方便，因此我們將使用 180 度＝ π 弧度的轉換因子做調整。透過指明 X 介於 0 與 $D/2$ 之間、θ 介於 0 與 π 弧度之間，我們也指明了針的方向。隨機拋擲針，意味著 X 和 θ 之間的獨立性，兩者均符合均等分配。利用 X 的長度做爲高，以直線作爲底，針（若有需要則予以延長）做爲長度爲 h 的斜邊，畫出一個直角三角形。若 $h<L/2$，那麼針便與直線交叉。基本的三角學告訴我們：

$$\frac{X}{\sin\theta} = h < \frac{L}{2}$$

也就是說，$X<(L/2)\sin\theta$。現在想像一個 $\theta-X$ 平面，其中 θ 爲橫軸、X 爲縱軸。若在此平面上標出 $X=(L/2)\sin\theta$ 的曲線，將會得到如圖 11.6 的結果。事件「針和直線交叉」等於事件「X 在 θ 軸之上、在曲線 $X=(L/2)\sin\theta$ 之下」。在上述問題中，均等分配與獨立性意味著曲線以下的面積，和底爲 π、高爲 $D/2$ 的直角三角形之面積的比例，就是我們想要的機率。利用微積分可以證明曲線以下的面積等於 L（因爲我們使用弧度所以可以得到這麼簡單的答案）。直角三角形的面積爲 $\pi D/2$，因此針與直線交叉的機率爲 $2L/(\pi D)$。

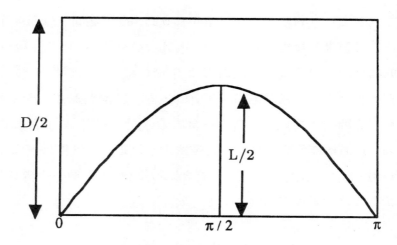

D/2

L/2

0　　　　π/2　　　　π

圖 11.6　　在曲線下，代表針與直線交叉之機率的面積

現在我們在獨立試驗中，隨機將針拋向平面。令 U_i 為指示變數，若針在第 i 次試驗中與直線交叉則為 1，否則為 0。前 n 個變數 U_i 的加總就是前 n 次試驗中，針與直線交叉的總次數。在第八章我們知道利用大數法則，這些變數 U_i 如何轉換成機率的相對次數：

$$\lim_{n \to \infty} \frac{\text{在n次拋擲中針與直線交叉的次數}}{n}$$

$$= \lim_{n \to \infty} \frac{U_1 + U_2 + \cdots + U_n}{n}$$

$$= EU_1 = P\ (\text{第一次拋擲時針與直線交叉}) = \frac{2L}{\pi D}$$

此關係式提供了估計 π 的方法。將針拋擲許多次，假設 n 次好了。令 m 爲針在 n 次拋擲中與直線交叉的次數。那麼可知：

$$\frac{m}{n} \approx \frac{2L}{\pi D}　,$$

等於

$$\pi \approx \frac{2Ln}{Dm}　。$$

因爲我們使用隨機工具估計一個非隨機的數值 π，所以上述過程可能看來怪異。不過這卻是現代數學中，一個相當有利與有用的工具之基礎，也就是蒙地卡羅方法（*Monte Carlo method*），有時計算過於複雜，所以需要電腦和機率推論的協助。我們將在第十三章回到這個主題。

✎　練習

1. 巴士在 6 點、6：15、6：30、6：45 與 7 點離開公車站牌。若菲力貓與愛麗斯在早上的六點與七點之間隨機並獨立地抵達公車站牌，兩人搭上同一班巴士的機率爲何？

2. 假設你隨機自某一點折斷一根筷子。較長一段是較短一段長度的兩倍以上的機率爲何？

3.　解出第 11.5 節中最後一段的問題。（提示：令弦由圓內隨機選擇之中點所決定。）

4.　若內接的等邊三角形變成內接正方形，Bertrand 矛盾的答案為何？

5.　假設 w 是介於 0 與 1 之間的常態數字。取任一大於 0 的整數 n，考慮數字 $w_n = 10^n w$。w_n 的小數部分亦為常態嗎？若 w 非常態，那麼 w_n 又如何呢？

6.　找出下列關於介於區間 0 至 1 之間的無窮小數之事件機率：(a)小數點後第 1、3、5、7…等奇數位不為 0，（b）小數點後第 100 與第 200 位均大於 5，（c）小數點後前兩位數至少有一個等於 0。

📖 第 12 章

常態分配與中央極限定理

喔！蒼白的雷蒙，對秩序的渴望是受到保佑的，

就像詩人渴望為形容大海的字詞定下秩序，

也包括為形容繁星朦朧下、芬香濃郁的正門的字詞，

以及形容我們自己與我們的起源的字詞，

以更陰森的界線，更尖銳的音調。

Wallace Stevens, The Idea of Order at Key West

12.1　賦予資料意義

　　身為一群科學家的首腦，你想要彙總美國成年男性的身高（美國男性指的是居住於美國境內的男性）。首先你必須自母體選出樣本，並且根據科學原則確定樣本為隨機。對於隨機性我們將於接下來幾章慢慢介紹，基本上你現在需要的是足以代表整個母體的樣本。舉例來說，既然目前我們感興趣的是美國成年男性之母體，樣本就不會排除居住在紐約布魯克林區的男性，或是只包含居住於西岸的男性，或是年收入超過十萬美金的男性，或是

任何限制樣本無法代表整個母體的類別。選擇隨機樣本的方法之一，就是爲母體中每個成年男性分配獨一無二的標號，之後利用可使每個號碼被選中之機率均相同的隨機工具，自這些號碼選出特定部分。例如，你可以在卡片上寫下編號，將所有卡片丟進帽子（一頂可創金氏世界紀錄的超大型帽子），混和均勻，接著選出卡片，記下編號後投返（也就是每次選擇後將卡片投返至帽子中、混合均勻再選擇另一張卡片）。爲了確定每一張卡片被選中的機率相等，投返是必要的。如果你剛好挑中之前選擇的卡片，亦即代表之前選中的成年男性又被選中，只要忽略這項觀察值，將其投返、重新混和然後重複此過程直到挑中之前未選擇的卡片。當然在現實生活中這個程序是不可能執行的——首先，要找到這麼大的帽子裝入所有的卡片，實在是不可能的任務！同時混合所有卡片以近似於均等分配模式亦難以達成——第13.6節提供一個相當有趣的例子。爲了建立隨機樣本，統計學家發展了較爲複雜的方法，我們將留待第十四章討論。此處先行假設你已經取得樣本。現在的工作就是替這些人量出精確的身高然後記錄評估值。你將需要許多的登記本才能寫下每個人的身高，當人口統計局長走進你那壅塞不堪的辦公室，詢問「關於美國成年男性的身高，你的意見如何？」你或許會很驕傲的指著所有登記本然後說，「自己看吧！都在這兒呢！」

　　不幸的是，這些原始資料實在難以處理，內容過於繁雜以致於無法產生有意義的資訊。見樹不見林，過多的細節將使得模式或**趨勢**不明顯。此時局長可能開始頭疼了，因爲他實在一點概念

都沒有。轉身離去前，他可憐地懇求你「你不能把所有東西濃縮成更易於閱讀的形式嗎？」「叮咚！」在一番思考後，你想到一個好主意。取一條水平 x 軸，起點為整數 A。假設目前測量的身高單位最小為 0.1 英吋。x 軸上的每一個單位均為 0.1 英吋，標出所有單位直到另一整數 B。你可以將 A 與 B 標示為資料的最小與最大值。所以現在你有一條自 A 到 B 的橫線作為身高軸——線上的每一點都代表資料中的可能身高。現在的工作就是定義出所謂的等級區間（class interval），也就是把身高軸分成數個區間。假設資料的最小值為 62 英吋，最大值為 76 英吋。我們可以令第一個區間為 61.55 到 63.55、第二個區間為 63.55 到 65.55，最後一個區間為 75.55 到 77.55，因此產生兩英吋長的等級區間。令每區間的兩端為小數點後兩位之數字的目的，是避免以小數點後一位之數字表示的身高資料落在區間的兩端上，這樣才不會產生不知該屬於一個區間的模糊狀況。現在你開始檢閱原始資料以計算位於各等級區間中的資料數目。接著按位於該區間之資料數目之比例建構該身高區間的長方圖。所有區間的比例加總必為 1。因此各區間的長方圖等於位於該區間之樣本數的比率。恭喜恭喜，你剛剛創造了長方統計圖（見圖 12.1）。

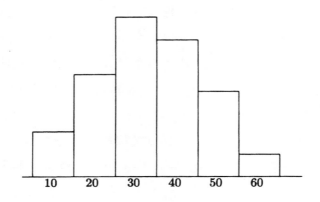

圖 12.1　典型的長方圖。數字代表各區間的中間點

　　上述說明只是自原始資料建立長方圖相關概念的簡要敘述。視目的不同還可以建立許多種長方圖。二吋的區間長度可產生八個區間。如果你不需要這麼細的分類，也可以使用四吋的區間長度產生四個區間。此外，在決定區間範圍之前，通常還需要仔細研究資料從事一些判斷。舉例來說，你的資料中可能包含一位高達七呎六吋的巨人，但其他所有人都低於六呎。將身高軸一路延伸至七呎六吋、中間留下許多空白區間是無意義的。處理此問題的方法之一是將七呎六吋這個極端值排除於用來建立長方圖的資料以外（因為排除部分數值會遺漏一些資訊，因此必須追蹤這些極端值，以作出最終報告─這些數值可能非常重要）。

　　長方圖是可以彙總資料、在同一張表格上呈現許多重要特質的完美工具。利用長方圖可以瞭解哪些區間內含的資料項較多、

哪些較少。若樣本夠大，那麼根據大數法則，任一區間上之條狀物的面積，也就是位於該區間之樣本比例，亦即樣本落在該區間的機率。若樣本充分代表母體，那麼條狀物的面積應近似於隨機選出的美國成年男性之身高位於該區間之機率。

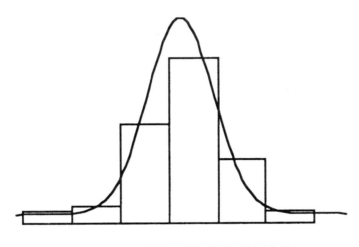

圖 12.2　　近似於長方圖的鐘形曲線

　　長方圖最普遍的用途是模擬代表常態分配之連續鐘形曲線；我們將在下節討論常態分配。圖 12.2 為區間數目少且長度非常大的例子。若樣本夠大、區間數目夠多且區間長度夠小，那麼就可以利用長方圖找出鐘形曲線。這意味著在任一區間，位於曲線下的面積均近似於這些區間上之條狀物的面積。區間越多、長度越短，鐘形曲線和長方圖就越接近。因此，區間以上、鐘形曲

線以下的面積近似於測量到的身高位於該區間的機率。根據我們對連續分配方程式的認識，此鐘形曲線可以當作隨機變數 $X=$ 美國成年男性之身高的估計密度方程式。

12.2 **常態分配**

現在讓我們把場景轉換到十七、十八世紀年代，當時 Abraham DeMoivre 與 Pierre Laplace 致力於研究機率學中的各種問題，並且產生了一個連續分配，也就是現在所謂的標準常態分配。此分配屬於在傳統上習慣以字母 Z 表示的隨機變數。標準常態分配之密度的完整數學方程式此處並不重要，而且需要深入解釋，所以予以省略。若在 $x-y$ 平面上圖示其密度，將產生如上節描述的鐘型曲線。在本例中，$EZ=0$ 且 $\sigma^2(Z)=1$，曲線於 0 點互相對稱。

在進一步研究後，他們發現可以利用一個由參數 μ 及 σ 決定的密度方程式 $f(\chi, \mu, \sigma)$，定義一群相關的分配。此處 μ 可以為任何實數，σ 為任何正數，在選擇 μ 與 σ 的同時也決定了特定的分配。這一群相關的分配稱為常態或是 *Gaussian*（為了紀念 *Karl Friedrich Gauss*）。此類常態分配稱為二參數家族或分配，這是因為只要固定兩參數 μ 與 σ，就決定了該族群中特定的成員。

若 $\mu = 0$、$\sigma = 1$，就可以產生標準常態分配。一般說來，若 X 的分配為 $f(\chi, \mu, \sigma)$，那麼 $EX = \mu$ 且 $\sigma^2(X) = \sigma^2$，分配於 μ 點互相對稱（見圖 12.3）。注意我們使用 $\sigma^2(X)$ 代表隨機變數 X 的變異數，σ^2 代表變異數的數值。

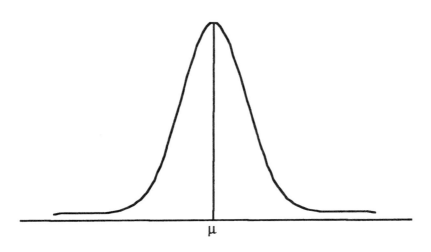

μ

圖 12.3　　常態分配於 μ 點互相對稱

<u>12.3</u>　常態分配一些令人愉快的特質

假設隨機變數 X 屬於常態分配，平均數為 μ 且變異數為 σ^2，另一個隨機變數 $Y = aX + b$，其中 a 與 b 為常數。為了簡化討論令 $a > 0$，不過此假設是不必要的。將 X 乘上 a 屬於大小的改變——

單位的 X 變成 a 單位的 Y。加上 b 屬於位置的改變，Y 值可由 aX 的值加上固定的 b 求出。只要 X 屬於常態分配，那麼來自大小與位置改變的 Y 亦屬常態分配，這是多麼美好的一項特質啊！我們還可以利用 X 的平均數與變異數求出 Y 的平均數與變異數。根據變異數的定義與第八章中說明的期望值特質，不難證明若 X 的變異數為 σ^2 且 a 為常數，那麼 aX 的變異數為 $a^2\sigma^2$，也就是 Y 的變異數。此外，Y 的平均數為 $EY = a\mu + b$。

　　為了瞭解在進行大小與位置的改變時，標準常態變數 Z 之密度有何變化，首先考慮 $U = Z + b$ 的改變，其中 b 為常數。U 的密度之形狀與標準常態密度相同；只不過經過移動後其峰值為 b 而非 0。U 的變異數與 Z 的變異數相同（因為我們只是向左右移動密度，因此在直覺上各數值相對於平均數的散佈情形仍相同）。

　　現在假設我們進行大小的改變，$V = aZ$。V 的密度仍集中於 0，但其變異數為 a^2。若 $a > 1$，那麼 V 之數值分佈較 Z 廣，但若 $a < 1$ 則較為聚集於 0。因此可以對 Z 進行大小與位置的改變，產生平均數為 μ、變異數為 σ^2 的最常見之常態變數 X，亦即令 $X = \sigma Z + \mu$。

　　圖 12.4 顯示三種密度。圖（a）集中於 0 點。將其中點移至 μ_1 但變異數不變即產生圖（b），因此形狀不變。圖（c）則涉及了中點與變異數的改變，其變異數小於圖（a），因此圖（c）較爲集中於平均數。

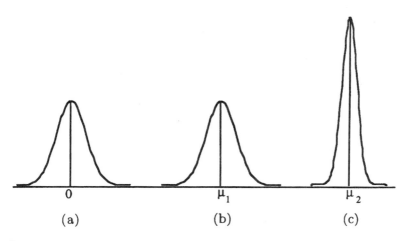

圖 12.4　　（a）中點爲 0 的常態密度，（b）將（a）移動至新中點 μ_1，
　　　　　　（c）將（a）移動至新中點 μ_2 且變異數減少。

　　相反地，若 X 爲常態，我們可以利用大小與位置改變將其轉換爲標準常態 Z。若 X 的參數爲 μ 與 σ，那麼可對 X 進行大小與位置改變得到隨機變數

$$(X-\mu) \,/\, \sigma = (1\,/\,\sigma) - \mu\,/\,\sigma,$$

因其平均數爲 0、變異數爲 1，所以必定爲標準常態。這是

相當有用的事實，因為我們可以利用關於標準常態分配的類似問題，取代關於特定常態分配的任何問題。

　　為了詳細說明，假設我們想要計算參數為 μ 與 σ^2 的常態變數 X 的機率；且假設我們想要知道 P（$a < X < b$）。那麼，使用一些代數技巧以及 $Z =$（$X - \mu$）$/ \sigma$ 的關係式，可得

$$\text{P}\ (a < X < b) = \text{P}\left(\frac{a - \mu}{\sigma} < Z < \frac{b - \mu}{\sigma}\right) \quad 。$$

　　右手邊便是標準常態變數的機率，因此可以使用標準常態分配表。此表的形式通常是以 0.01 的差距列出 $a = 0.01$、0.02…直到 3 或 4，同時列出自 0 至 a，或者可以說自 $-\infty$ 到 a 之區間以上、密度以下的面積。由此資訊，同時運用對稱性的特質，就可以計算位於任何區間上的標準常態變數 Z 的機率。其中較特別的是，此表顯示了大約有 68％的面積位於距 0 點前後各一個標準差之內，大約 95％的面積位於兩個標準差之內；因此，標準常態變數 Z 滿足：

　　P（$-1 < Z < 1$）≈ 0.68，P（$-2 < Z < 2$）≈ 0.95。

　　由此不難檢查對任何常態變數而言，大約有 68％的面積位於距期望值前後各一個標準差之內，大約有 95％的面積位於兩個標準差之內。

　　因為本節討論的是關於常態分配令人愉快的特質，所以千萬不能遺漏最最讓人高興的一項特質。如果最初的隨機變數 X 符合

常態分配，那麼對 X 進行大小與位置的改變後，仍將符合常態分配。將兩個符合常態分配且互相獨立的隨機變數 X 與 Y 相加，常態性同樣會保存下來。$X+Y$ 符合常態分配，其標準差與變異數亦分別為 X 與 Y 的標準差與變異數之和。

12.4　**中央極限定理**

中央極限定理最初的形式是由 DeMoivre 與 Laplace 所提出，並且使用成功機率為 p 的伯努力試驗。如同以往，令 X_i 為成功與失敗的指示變數，$S_n = X_1 + X_2 + \cdots + X_n$ 為前 n 次試驗中總成功次數。首先，我們先計算 S_n 的期望值與變異數。此時我們可以使用第八章的方法，首先計算 $X_1 \times EX_1 = p$ 的期望值與變異數，接著算出

$$\sigma^2(X_1) = E(X_1 - EX_1)^2 = E(X_1 - p)^2 = p(1-p) \qquad \circ$$

既然 S_n 的期望值是 X 的期望值加總，S_n 的變異數是 X 變異數的加總，那麼：

在成功機率為 p 的 n 次伯努力試驗中，成功總次數 S_n 的期望值為 np、變異數為 $np(1-p)$。

現在為了標準化 S_n，設定一隨機變數：

$$Q_n = \frac{S_n - np}{\sqrt{np(1-p)}} \qquad (12.1)$$

每個隨機變數 Q_n 的平均值為 0、變異數為 1（只要隨機變數的平均數與變異數為有限數字，只需減去變數的平均數、再除以標準差就可以得到平均數為 0、變異數為 1 的標準化變數）。DeMoivre 與 Laplace 證明變數 Q_n 的分配趨近於（越來越接近）標準常態分配。可將其寫成：對介於 a 與 b 之間的任何區間，

$$\lim_{n \to \infty} P\,(a < Q_n < b) = \qquad (12.2)$$

位於 a 與 b 區間以上、標準常態密度以下的面積

公式（12.2）字面上的意義為何？利用伯努力試驗的指示變數 X_i，若加總足夠的變數，接著標準化總和使其平均數為 0、變異數為 1，那麼產生的隨機變數也幾近於標準常態。因此標準常態分配似乎是被我們標準化的二項式分配隨機變數之有限形式。這是一項令人吃驚且完美的結論。在理論上，這似乎開啟了全新又令人興奮的一頁。至於未必與伯努力試驗相關的獨立隨機變數之加總，情況又為何呢？這些加總若經過適當地標準化，是否近似於標準常態或是其他的分配呢？對於這個問題，大約經過了漫長的 150 年，才在 DeMoivre-Laplace 理論全面普及化後推論出令人吃驚的答案。解法如下：假設 $S_n = X_1 + X_2 + \cdots + X_n$，為獨立、分配相同的隨機變數之加總，這些變數的期望值均為 μ、變異數均為 σ^2。因此 S_n 的期望值為 $n\mu$，變異數為 $n\sigma^2$。此處利用公式 12.1，但以 $n\mu$ 取代 np，以 $\sigma\sqrt{n}$ 取代 $\sqrt{np(1-p)}$，可得：

$$Q_n = \frac{S_n - n\mu}{\sigma\sqrt{n}} \qquad (12.3)$$

根據中央極限定理可知公式 12.2 的關係式仍成立。

為什麼會產生這麼令人意外的結論呢？因為我們可以利用任何分配的獨立隨機變數 X，只要其平均數與標準差有限。根據理論，若我們將夠多的隨機變數相加並予以標準化，那麼就會產生近似於標準常態的變數。所以儘管最初 X 看來混亂，但過一會兒就漸漸出現順序，此時標準常態分配扮演了極重要的角色，亦即極限分配。和伯努力試驗相關的 DeMoivre-Laplace 理論，是中央極限定理一般版本中極特殊的個案。

中央極限定理對於獨立、分配相同，且平均數與變異數有限的隨機變數 X_i 之加總 S_n 的看法如何，值得好好研究。既然只要 n 夠大，Q_n 的分配近似於標準常態變數 Z，那麼根據上節的討論，我們可以預期大小與位置的改變

$$S_n = \sigma\sqrt{n}Q_n + n\mu$$

將產生平均數為 $n\mu$、變異數為 $n\sigma^2$ 的近似常態分配。但這些未經標準化的加總卻無法產生有意義的結論，因為變異數毫無限制地越來越大，若 $\mu \neq 0$，平均數將趨近於無窮大或無窮小。然而，若 X 的分配不是永遠固定而是當 n 變大時，S_n 的變異數會趨近於有限數字因而改變分配，那麼就可以對 n 夠大的 S_n 之常態性得到

有用資訊。我們可以在第十七章的 Brownian 運動的討論中看到
這個過程。

　　大數法則與中央極限定理無疑地是機率理論中兩項最重要
的理論結果。中央極限定理稱為弱性（*weak*）限制法則；這是機
率學者在說明某分配趨近於另一分配時的說法。強性（*strong*）
限制法則則是對於特定樣本路徑或實際玩過機率遊戲後，關於平
均數的收斂——例如 S_n / n。在大數法則的討論中，因為本書的重
點在於賭博，所以我們把焦點放在強性法則上。不過我們僅在第
八章附錄中證明弱性法則，做為強性法則的理論基礎。大數法則
的弱性版本如下：變數的分配為

$$W_n = \frac{X - n\mu}{n} \qquad (12.4)$$

　　趨近於隨機變數為 0 之分配（當我們說變數為 0，是因為此
變數為該值的機率為 1。）現在將此與中央極限定理作比較。此
論點認為

$$Q_n = \frac{X - n\mu}{\sigma\sqrt{n}} \qquad (12.5)$$

　　的分配收斂於標準常態分配。注意公式 12.4 與 12.5 的分子
（上方）是相同的。在公式 12.5 中，當 n 增加時分子也增加，使
得 $\sqrt{n}$ 標準化了變數（此處可以忽略 σ），因此常態分配為限制
分配。另一方面，如果在公式 12.4 中除以 n 而非 $\sqrt{n}$，那麼產生

的隨機變數就越來越像落於 0 的隨機變數。根據中央極限定理若

在公式 12.5 中除以 n^r 而非 $\sqrt{n}=n^{\frac{1}{2}}$，那麼只要 $r>1/2$，產生的

變數就越來越像落於 0 的隨機變數，若 $r<1/2$ 那麼產生的變數

將為無窮大或無窮小的隨機變數（也就是說，變數的絕對值無限

大）。因此，$1/2$ 就是 n 的重要指數，所以當我們除以 n 時就可

以產生越來越像標準常態分配的變數。

_12.5_　擲出多少次正面？

　　為了舉例說明本章重點的實務運用，思考以下的問題：

　　第三章的囚犯感到很無聊，所以拋擲一枚公平硬幣

　　1000 次。其中出現正面至少 495 次、至多 510 次的機

　　率為何？

　　二項式分配告訴我們如何計算在拋擲公平硬幣 1000 次時正

好成功 i 次的機率（成功機率＝0.5），所以這個問題在理論上並

不困難；只要計算介於 495 與 510 之間各 i 值的機率然後相加即

可。但就是這個實際的計算過程讓人感到不悅。你必須計算涉及

許多階乘的煩人工作，例如 $C_{1000,i}$，其中 i 介於 495 與 510 之間。

有一些方法可以求出這些階乘的近似值，但這麼一來就無法得到

精確的答案而是近似值，而且你還是要費很大的功夫。如果你願

意妥協接受一個近似的答案，只需利用中央極限定理就可以得到

一個相當簡單的方法。

　　令 X_i 為指示變數，視第 i 次拋擲為正面（成功）或反面其值

為 1 或 0，同時使用理論的 DeMoivre-Laplace 版本。 $P = P (X_1 = 1) = P (X_1 = 0) = 1 - p = 0.5$，由第 12.4 節可知隨機變數

$$S_{1000} = X_1 + X_2 + \cdot \cdot + X_{1000}$$

其期望值為 1000 · （1/2）＝500，變異數為 1000 · （1/2） · （1/2）＝250。因此，

$$Q_{1000} = \frac{S_{1000} - 500}{\sqrt{250}}$$

因為 1000 是夠大的數字，因此近似於標準常態。問題為 495 $\leq S_{1000} \leq 510$。代表了：

$$\frac{495 - 500}{\sqrt{250}} \leq Q_{1000} \leq \frac{510 - 500}{\sqrt{250}}$$

使用計算機可發現此關係約等於$-0.32 \leq Q_{1000} \leq 0.63$，根據中央極限定理可得：

$$P (-0.32 \leq Q_{1000} \leq 0.63) \approx P (-0.32 \leq Z \leq 0.63)$$

其中 Z 為標準常態變數。此時我們轉向求助於標準常態分配表找出 $P(-0.32 \leq Z \leq 0.63) \approx 0.3612$。因此 Q_{1000} 介於-0.32 與 0.63 之間的機率，或者可說是 S_{1000} 介於 495 與 510 之間的機率約為 0.3612。

12.6 為什麼這麼多的數量近似於常態分配？

在現實生活中，許多我們感興趣的數量都近似於常態分配。其中包括了人口的身高、體重與血壓；測驗成績；電子或機器設備的使用年限等等。為什麼常態分配在實務上使用如此頻繁？

中央極限定理有時被用來為常態或近似於常態之分配，如此頻繁地用來描述自然現象以提供理論上的解釋。例如，成年人口的高度有各種成因：基因構造、飲食、環境因素等。這些因素通常以近似於加總的方式合併，根據中央極限定理，其結論近似於常態分配。的確，影響個人身高的所有因素，一般說來並不屬於相同的分配或是絕對獨立，因此此處討論的中央極限定理並不適用。不過若有背離獨立分配假設，或甚至是違反獨立性假設的情況發生時，中央極限定理的歸納仍成立。此類結論可提供許多現象近似於常態分配的合理解釋。

在本章結尾尚須提及一些重點。首先，雖然極限定理告訴我們某些數字的序列會越來越接近某個數字，但我們必須瞭解在某個準確程度以內，該序列在趨近於此數字前會有多遠。此問題在 8.5 節討論到大數法則時曾經提過。除非我們對特定 n 值估計 $P(a<Q_n<b)$ 與 $P(a<Z<b)$ 的誤差，否則根據中央極限定理得到的變數 Q_n 之分配趨近於標準常態分配就沒什麼實用價值。此種誤差的估計存在著；任何 n 值的誤差大小視 X 的分配而定。不過如同大數法則，我們省略一些技術性的細節。在前一節，

我們假設拋擲 1000 次就足以提供合理的正確估計。

其次，如果你知道某事物，如第 12.1 節中的身高，符合常態分配，你要如何查明它是屬於哪一種無窮常態分配？答案是，你必須自資料估計決定性參數 μ 與 σ^2。這是第十五章中將詳細討論的統計學推論的基本問題，不過現在我們暫時先假設 X_i 為樣本中第 i 人的身高。因為樣本為隨機，X_1，X_2…序列亦為隨機變數之獨立序列，根據統計標準顯示樣本平均數

$$\overline{X} = \frac{X_1 + X_2 + \cdots + X_n}{n}$$

是未知的母體期望值 μ 之良好估計值；而樣本變異數

$$s^2 = \frac{\left(X_1 - \overline{X}\right)^2 + \left(X_2 - \overline{X}\right)^2 + \cdot \cdot + \left(X_n - \overline{X}\right)^n}{n-1}$$

是未知的母體變異數 σ^2 之良好估計值。當 n 增加時這些估計值會越來越準確。

✐ 練習

1. 一隨機變數 X 符合常態分配，$\mu = 67$ 且 $\sigma = 2$。以標準常態變數 Z 的方式計算 P（$130 < 2X < 136$）。

2. 在重複的獨立試驗中拋擲一枚公平硬幣。令 S_n 為 n 次試驗後

正面出現的總次數。將 S_n 標準化並解決下列問題：思考 $S_n / \sqrt{n} = R_n$ 這個比率，令 x 為任何常數。若試驗次數 n 夠大，以標準常態變數 Z 的方式估計 $P(R_n < x)$。

3. 一賭徒贏或輸 $\$1$ 的機率分別為 p 與 q。假設賭徒可以不斷地賭，即使負債也可以。令 S_n 為賭徒在玩了 n 局後的累積獲利。（a）計算 S_n 的期望值與變異數。（b）標準化 S_n 並使用中央極限定理對此標準化發表個人意見。

4. 使用上題的（b）證明，對於隨個人心意趨近於 1 的數字 $1 - \varepsilon$（亦即正數 ε 之值可以非常小），只要 n 夠大，將存在著一正數 $K > 0$ 使下列成立：

$$P(S_n < n(p-q) + \sqrt{n}K) > 1 - \varepsilon \quad 。$$

5. 使用上題，證明當賭局不利於可無限制負債的賭徒時，若賭徒繼續玩下去負債越來越大的機率非常大。（提示：形式為 $an + b\sqrt{n}$ 且 $a < 0$、$b > 0$ 的數字，只要 n 夠大，將小於任一固定的負數。）

6. 令 Z 為標準常態隨機變數。描述隨機變數 $U = -Z$ 的分配為何。

📖 第 13 章

什麼是隨機數字？
其用途為何？

籤文使紛爭平息，而它又來自上天的旨意。

Proverbs 18:18

13.1　何謂隨機數字？

在 1955 年，Rand 公司出版一本列有一百萬個隨機數字的書籍。每一頁都列出了數百個介於 0 至 9 的數字元，以 5×5 的矩陣排列呈現以便於參考。我們對兩個問題感到興趣：隨機數字為何？我們為什麼需要隨機數字？

隨機數字最基本的定義，便是這些數字乃是來自於涉及重複獨立試驗的隨機程序。當我們談及 0 到 9 的隨機數字元時，乃是假設一試驗程序產生各個數字元的機率均為 0.1。以下是這些隨機數字元產生的方法之一。假設有十張大小相同的卡片，分別在

卡片上寫下 0 到 9 的數字，每張卡片都代表不同的數字元。接著拿一頂大帽子，將所有卡片丟進去後混和均勻。現在隨機自帽子中取出一張卡片，不得偷瞄。寫下選出卡片上的數字。將卡片丟回帽子中，再次混和均勻。重複隨機選擇卡片、寫下卡片上的數字、投返、混和均勻、再次選擇的過程。所寫下的一系列數字就是隨機數字元序列，因為這些數字乃是由在獨立試驗中每個數字元出現機率均為 0.1 的隨機工具所產生的（因為混和不均勻或其他因素，此程序可能無法讓每個數字被選中的機率均相等，見第 13.6 節）。你可以用類似的方法產生隨機數字元，例如使用一個劃分成十等分、每等分對應至一個數字元的輪盤。Rand 公司出版的隨機表就是利用此種輪盤的複雜版本，不過其輪盤插電而非人工轉動。

　　有了隨機數字元，該如何取得更複雜的隨機數字呢？假設你從隨機數字元表中產生 32、17、90、05、97 等兩位數數字之序列。每個數字元都是隨機的，因此一次取兩個數字元產生的兩位數數字 32、17、90、05 與 97 也是隨機變數，這是因為這些數字是透過自 00 至 99 的 100 個兩位數數字被選上的機率均為 0.01、且這些數字的選擇互相獨立的隨機程序所產生的。因為我們以均等、獨立的態度選擇數字元，所以產生此結論。因此，利用原始十個數字元的序列，自右至左產生的 79、50、09、71 與 23 亦產生二位數隨機數字，還有許多其他的方法也可以產生二位數的數字，只要這些方法不使用相同的選擇標準一次以上。如果你需要五個二位數的數字，你可以使用任一種方法，這些方法中沒有一

個特別好，也沒有一個特別差，你大可放心地使用最簡單的：32、17、90、05 與 97。

　　若你需要十個二位數的數字，便需要自表中選出二十個隨機數字元，而非使用上述由相同數字元序列由左至右與由右至左分別選出的 32、17、90、05、97、79、50、09、71 與 23。當相同數字元使用超過一次以上時便喪失了隨機性。因為前五個兩位數數字已經提供了關於整個序列的資訊（例如 6 並未出現），所以後續的選擇之機率既不均等亦不互相獨立。

　　因為相同的理由，我們不希望每當需要隨機數字時都重複使用隨機表的同一行或是同一頁，否則便喪失了和隨機性相關的不可預期性。Rand 表提供了一百萬個數字元。你應該盡可能地追求不可預期性，亦即隨機性。自 Rand 表選擇數字元的方法之一，便是從第一頁開始，逐行（或逐欄）地挑選所需的數字元，同時標記何處結束。下次需要數字元時，只要從上次結束之處再開始即可。或者你也可以使用隨機數字表隨機選擇在哪一頁、哪一行開始取得數字元。這些方法的基本用意都是讓你盡可能地模擬獨立、均等分配的選擇，若每次都使用有限的數字元，此目標便難以達成。

　　已知隨機數字只是隨機過程產生的數字。另一個說法是隨機數字是符合某種分配的隨機變數 X 之值。在隨機數字元最基本的情況中，$X=0$，1，$\cdots$，9，符合離散均等分配，每個數字出現的機率均為 0.1。可以利用與 X 擁有相同分配的獨立隨機變數 X_1，$X_2\cdots$的重複觀察值，產生此種隨機數字元表。由這些表，又可以

利用各種數學方法產生更複雜的隨機數字。例如上述符合均等分配的 $X=00$，01，$\cdots$，99。若你想要符合均等分配的 $X=1$，2，$\cdots$，100，那麼可以令 100 為 00，1 為 01，2 為 02 以此類推。如此一來，選擇兩位數的隨機數字就等於選擇位於 1 至 100 之間的數字。

但現在假設我們的目標更為複雜，例如選擇位於 1 至 12 之間的隨機數字。使用隨機數字元我們可使用下列步驟。首先，使用隨機數字元表形成兩位數的隨機數字，刪去不等於 01、02、$\cdots$、12 的數字。例如考慮以下取自 Rand 公司的隨機數字表：

12	66	00	95	71
81	85	26	06	20
03	06	86	13	17
29	62	35	85	30
30	52	05	05	88

如果我們刪去所有大於 12 的數字，那麼將會得到 12、00、06、03、05，並且宣稱這五個隨機數字取自均等分配的 12 個出象。為了判斷此說法的正確性，已知以上每一組數字自 100 個介於 00 與 99 之間的兩位數數字之樣本空間內被挑選出的機率均為 0.01。因此，利用條件機率可知：

$$\text{P（出現 12 | 只能出現 01、02、} \cdots \text{、12）} = \frac{0.01}{0.12} = \frac{1}{12}$$

（刪去不屬於條件事件的所有兩位數數字，可以產生條件機

率空間）。因此介於 01 至 12 之間每一組數字的條件機率均為 1／12。此外，原始數字元的隨機性隱含了數字被選上的隨機性。上表產生了五個我們想要的隨機數字種類。若需要的數字不只五個，只需選擇夠多的隨機數字矩陣、重複此方法，直到產生所有想要的隨機數字。我們可以類似的方法，使用隨機數字元表自任何有限的均等分配產生隨機數字。

　　隨機數字元表也可以提供屬於連續分配之隨機變數 X 任何程度的近似值。現在讓我們看看位於 0 至 1 單位區間的均等分配。令 X 為選自此連續均等機率分配的數字，由第十二章可知 X 的小數點部分之數字元為符合有限均等分配的獨立隨機變數，每個數字出現的機率均為 0.1。相反地，已知 X 的小數點部份之數字元，乃是根據有限均等分配獨立選出的，也就是說，X 是位於單位區間內符合連續均等分配的隨機變數。這意味著根據均等分配選擇的數字 X，可以藉由在有限隨機數字元序列前標上一個小數點求出。例如，假設我們想要在單位區間中獨立、均等地選出五個數字，我們可以使用上述的表格中的每一列選出 0.1266009571、0.8185260620、0.0306861317、0.2962358530 與 0.3052050588。如果我們只想取小數點後四位，可以求出 0.1266、0.0095、0.7181 與 0.8526（這只是可能的方法之一）作為近似值。

　　Rand 公司的書同時提供 100,000 個「常態誤差」，亦即符合標準常態分配之隨機變數 X 值。這是利用數學轉換由隨機數字元建立的。對任一連續分配，可以對隨機數字元進行數學轉換以取

得符合此分配之隨機變數、任一近似程度的數值。因此隨機數字
元表可以讓我們在隨機過程中，自任何分配產生所期望的數值。
一旦有了這些數字元，所期望的數值便視數學計算而定了。在理
論上或許說來簡單，但在實務上卻不這麼易於實施。

_13.2_ 數字何時為隨機？統計學上的隨機性

由上可知產生數字元序列的過程可合理視為隨機。但通常我
們面對的是相反的問題：有一序列的數字元，判斷其是否為隨
機？如果我們只有數字元，但對於其如何產生毫無所知，將無法
回答這個問題，因為隨機數字元的定義視其產生的過程而定。另
一方面，如果有一序列的數字元，應該有某個方法可以合理決定
其是否符合我們對隨機數字元外觀的看法。我們需要的是對隨機
性的統計檢定。

現在我們看看一些極端的例子。假設我給了你 10,000 個數字
元，全部都是 0，你當然會質疑這些數字元是否源自於每個數字
元出現機率均為 0.1 的隨機程序。你直覺上認為所有數字元均為 0
並不符合隨機的概念，因為在這麼多次的試驗中，其他數字元都
沒有出現。你猜測此種隨機現象出現的機率等於 0（從主觀機率
觀點來看）。如果上例變成 0、1、2、3、4、5、6、7、8 與 9 不
斷重複直到出現 10,000 個數字，你應該還是認為這個序列並非隨
機，即使每個數字元出現的次數均相同。此處的問題在於可預測

性與模式，意味著產生數字元的程序並未獨立。

　　大部分的序列並不像上述兩例般那麼極端。對多數序列而言，你的直覺並無法有效決定其隨機性。一個不太熟悉隨機變數實際外觀的人，可能會訝異於某些數字元連續出現的次數之多。但連續出現的數字元在隨機序列中並非異常，因為「00、11、…、99」中任一個出現的機率均為 0.1。若我們檢視一串非常長的數字元，若偶爾發現某數字連續出現三或四次應該不會太讓人吃驚，因為從第五章可知稀有事件還是會發生，若試驗次數夠多，發生機率也頗大。對於隨機性的天真直覺看法，可能認為此種重複性啟人疑竇。

　　所以我們需要公正的統計檢驗代我們做決策。在本例中，問題可簡化成：決定所觀察到的序列和我們預期的隨機序列，在外觀上是否非常不同，應否拒絕此序列為隨機。在 10,000 個數字元中，在隨機性的假設下，預期每個數字出現的次數應為（0.1）×（10,000）= 1,000 次。卡方檢定是在某數字之實際出現次數和在隨機預測之下預期次數相差甚多的情況下，拒絕此序列為隨機的統計程序。此檢定當然會拒絕 10,000 個 0 的序列為隨機，同時也可以應用至任何序列。上述 0 至 9 等數字重複出現的第二個例子，雖然每個數字出現的次數正確，但卻缺少隨機序列的其他特質。此處我們可以使用序列相關性之統計檢定，亦即序列中各數字元關係的評估。在隨機序列中，我們並不會預期 1 之後必定出現 2。我們也可以使用連檢定法（runs test），長度為 n 的連續意味著特定數字元連續出現 n 次。如上所述，某隨機序列應該常常

出現長度為 2 的連續，但第二個例子卻沒有此種連續，因此拒絕其為隨機。

　　統計檢定與統計決策在本質上並非一種冒險，其中有許多乃是基於簡單的概念，也就是說，如果你所觀察到的出象在特定假設下出現的機率相當低，那就應該拒絕該項假設。統計檢定可能會因為觀察到稀有事件而誤導至拒絕假說。因此在我們決定某序列是否隨機前，需要進行多項的統計檢定。一般的程序是選出一些檢定法，檢驗一個貨真價實的隨機序列應擁有的基本特質。接著使用一些不同的檢定檢驗相同的特質，由此加深對序列隨機性的信心。此序列必須經過這些檢定的不斷挑戰，若通過大部分的檢定才可以得到隨機的封號。若序列無法通過某項重要的檢定，那就必須拒絕為隨機。

　　即使某數字元序列乃是經由適當的隨機程序產生的，此序列仍應接受隨機性統計檢定。因為就算某程序在表面上似乎根據均等分配產生數值，但仍可能涉及誤差。通常原始程序需要做一些調整，或是該數字元需要做一些數學轉換才能通過各種統計檢定（也就是 Rand 公司出版書籍的情況）。換句話說，如自帽中挑選卡片、擲兩顆骰子或旋轉輪盤的現實生活隨機程序，都只是隨機性數學概念的近似，有時候必須要做一些調整才能使實際生活更符合理論模式。

　　上述討論點出了隨機性較為複雜的一面。若一數字元序列通過一系列的隨機性統計檢定，可稱其為統計隨機。此種隨機性不管數字元是如何產生的，只要求序列通過統計檢定。統計隨機性

的概念對電腦是最重要的。因為電腦產生的決定序列符合統計隨機性，因此可取代實際的隨機序列。統計隨機性較隨機性是更加有用的概念—取代了決定某數字元如何產生這項不可能的任務之統計檢定。在本質上屬於實用性的；如行為符合隨機，那麼實際應該就屬於隨機。當我們討論到電腦時再回到這個主題。

13.3　人為亂數

對許多任務而言（第 13.5 節將討論一些例子），使用電腦工作時可取得隨機數字表是非常重要的，當然你會期待電腦以某種方式自行產生隨機數字。不過讓電腦自建隨機數字產生器有一些特定的問題，其中之一是：如果你的工作需要大量的隨機數字，而你希望稍後重新計算，那麼電腦便必須儲存隨機數字。找出這麼大的儲存容量幾乎是不可能的，就算可以也會佔去相當大的記憶體。這項困難可以利用一個高明的技巧解決。與其使用隨機工具產生真正的隨機數字，電腦可以重複特定方程式以產生數字。其運作方式如下：利用最初的「種子」數值 z_1 與方程式 f，亦即所謂的隨機數字產生器，令：

$$z_2 = f(z_1)，z_3 = f(z_2)，\ldots，z_n = f(z_{n-1})$$

由此產生 $\{z_i, 1 \leq i \leq n\}$，決定序列（即非隨機），其中 n 可以是相當大的值。方程式 f 的選定是讓序列 $\{z_i\}$ 成為統計上的隨機，因此就像是通過特定隨機性統計檢定的隨機序列。不同的種

子數值產生不同的統計隨機序列。只要給定相同的種子數值，電腦就會重新計算出相同的序列，所以你不需要儲存任何東西（除了種子數值以外）。

　　f 產生的數字稱爲人爲亂數（*pseudo-random numbers*）。發現此種方程式 f 的過程是相當令人意外的。序列產生器和原始的隨機概念必須盡可能的不同——每一項均由前一項所決定。但此序列在統計上爲隨機的。由 f 產生的數字通常稱爲隨機數字，雖然它們並不是真的隨機。對大部分的科學用途而言，這些數字是實際事物的有用替代。但現有的隨機數字產生器仍有許多問題有待克服，學者正在研究更好、更快的產生器。接受人爲亂數序列符合統計隨機性，僅意味著該序列通過一些我們認爲重要的檢定。一些廣泛應用的人爲亂數產生器，最近被發現具有一些即使透過統計檢定也無法察覺的細微相關性和非隨機模式。這使得數學家開始思考是否有其他真正隨機的方法，可以快速有效地產生隨機數字，同時可以克服無須儲存便可重複結果的問題。不過本書出版時，此方面仍無多大進展。

13.4 　**來自小數點表示的隨機序列**

　　由第十一章可知分佈於單位區間內的均等分配隨機變數 X，若以小數點表示則各數字元互相獨立，同時根據上述常態數字的討論，由大數法則可知各數字元成爲變數之可能數值的機率均爲 0.1。我們可由此總結說，位於單位區間內幾乎所有的 x 之小

數點表示可以產生隨機數字表。因此 x 的小數點表示是隨機的。

　　此結論在理論上相當漂亮，但若要以此產生隨機數字元是不可能的。如同常態數字，若使用均等分配隨機選擇一點，幾乎可以確定一定會挑上一個完美的 x，也就是小數點表示符合隨機性的數字，但對於任一特定的 x，通常沒有辦法知道這個數字是否隨機或是個例外（記住，例外的情況很多——例如不斷重複與有限的數字）。更糟的是，如何自單位區間挑選 x 值就是一個大問題了。我們通常使用前述的方法，首先產生隨機數字元，再把它們串在一起產生近似值。這真是一個無意義的惡性循環：若要產生隨機數字元，需要自單位區間均等地挑選，此舉又需要先選出隨機數字元。

　　此時，證明 π 的小數點表示符合隨機性已超出數學的領域（即使證明此數字符合常態也已超出數學領域，如第十一章所觀察到的——和隨機的小數點表示相較，數字的常態性是較不嚴格的要求）。不過，我們可以檢驗一段很長、但有限的 π 之小數點表示的統計隨機性。π 的小數點表示項數，比任何其他所有數字都還要多，而且就我所知，這些數字元的序列符合統計隨機性。所以雖然我們（目前暫時）無法證明 π 的小數點表示為隨機的，不過利用對一段很長、但有限的小數點表示進行統計分析，還是可以得到相當的信心。

13.5 隨機數字的使用

現在我們有了隨機數字，是時間討論為什麼需要隨機數字。在歷史上，使用隨機性最重要的目的，就是確定人或物的挑選沒有誤差或偏見。利用隨機工具決定樂透頭彩數字。在許多可能的陪審員中，利用如圓桶的工具或是使用電腦隨機選出名字組成陪審團（因此在本例中實際上乃是使用隨機姓名而非隨機數字）。第 13.6 節描述了在戰時隨機選擇士兵的有趣方法。在統計的設計與實務中，隨機性扮演了關鍵性的角色，其最重要的用途便在於人口隨機抽樣的理論（例如民意調查）。以下是在科學實驗設計中，利用隨機數字選擇隨機樣本的範例。

假設現在有一位生物學家，她想要規劃一實驗以測試鎮定劑的效果。共有 100 隻實驗老鼠，她想要把老鼠分成兩組，50 隻注射藥物、另 50 隻則注射安慰劑（糖水）作為對照組。實驗的目的是評估藥物對老鼠的影響（評估特定的生理特質，如心跳）；因此，實驗必須排除藥物以外、任何對數據有可能影響的因素。接受治療（即藥物）的老鼠應和注射安慰劑的老鼠相同。若以上均成立，那麼兩組老鼠之間的任何差異，均可合理歸因於藥物而非不相關的因素。例如，對 50 隻較年輕的老鼠施以鎮定劑，而將 50 隻較年老的老鼠作為對照組是錯誤作法，因為年齡是影響心跳的可能因素，兩組的測量值差異，極有可能受年齡而非藥物之不同所影響。所以現在的問題是：生物學家應如何挑選實驗組，以極小化誤差的可能性呢？答案是，她應該隨機選擇老鼠作

為實驗組；這是確保實驗組與對照組同質性的最佳方法。利用隨機數字元表隨機選擇將會相當簡單。在本例中，首先將老鼠標上 00、01、02、…、99。然後取出隨機數字元表，選擇兩位數的數字直到產生 50 個完全不同的數字（刪去重複的數字）。選出的數字就是編入實驗組的老鼠標號——也就是不編入對照組的老鼠。因為老鼠是隨機選擇的，每一隻老鼠被編入實驗組或對照組的機率均相同，由此可極小化誤差的可能性。

　　或許有人會質疑這麼費盡心思的確定隨機選擇是否有其必要性。他可能認為讓生物學家在籠子裡隨意抓出 50 隻老鼠，就可以產生非常棒的隨機樣本。不過稍稍深入思考，就可以讓這個懷疑論者信服，此種選擇程序很輕易地就會產生誤差——容易被抓到的老鼠可能是比較沈著、態度冷靜且心跳慢的老鼠。所以雖然表面上看似隨機的選擇，但除非使用真正隨機的計畫來選擇標的，否則其他的方法都包含了可能導致實驗產生誤差的細微但嚴重的瑕疵。

　　另一個隨機數字相當重要的領域，就是模擬（*simulation*）。假設我們現在要拋擲一枚公平硬幣 1,000 次，並記錄結果。我們打算讓電腦模擬實驗而非實際地拋擲硬幣。過程如下：電腦內建隨機數字產生器，利用此產生器隨機選擇數字元 0 與 1 的機率均為 0.5（下一章我們將說明其演算式）。電腦每次的數字元隨機選擇，都可以視為公平硬幣的拋擲，其中 0 代表正面、1 代表反面。接著可以寫程式讓電腦隨機選擇 1,000 次，利用此資料產生期望的結論，例如計算 0 出現的次數（對應於正面出現的次數）。

因為來自電腦的人為亂數符合統計上的隨機性，因此經由此種方式獲得的資料，和實際拋擲公平硬幣所得的實際資料應無二致。

　　使用電腦的隨機數字產生器，只要相關的程式已知，就可以模擬任何過程。若要模擬重複擲兩顆骰子，設定產生器自整數 1 至 6 中均等選擇兩數字。輪盤遊戲也相當容易模擬，只要設定產生器自整數 1 至 38 均等選擇一數字，令 37 代表 0、38 代表 00。第十一章的 Buffon 擲針問題也不太難模擬。設定隨機數字產生器為介於 0 與 $D/2$ 之間、均等分配的 X，產生數值，其中 D 是兩平行線的距離。此外，我們還需要介於 0 與 π 之間均等分配的 θ 值。只要 $X < (L/2)sin\theta$，其中 L 是針的長度，那麼（X，θ）的組合便代表了拋擲的針和直線相交。下一章將詳細討論這些模擬的演算式。

　　模擬現在對許多學科都很重要。與其實際建立複雜的設備（武器、引擎、飛機等等），可以將這些系統的數學特質抽離出來，在電腦螢幕上進行各項測試，看看現實生活中會發生什麼。模擬戰爭開打（總好過實際的戰爭），根據現實所得的各項行動之機率，將決定結果。也可以使用模擬，研究在各種糧食供給、氣候等條件下人口的演化。簡而言之，透過適當的數學模式與配合固定的機率，任何過程基本上都可以利用模擬來研究（例如交通流量的模式便和卜瓦松過程相關）。

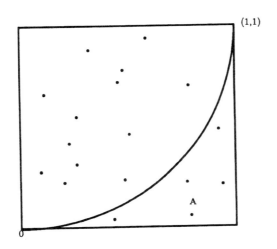

圖 13.1　　曲線下面積之蒙地卡羅估計

　　稍早簡短描述的蒙地卡羅法和模擬密切相關。蒙地卡羅法利用模擬執行運算。通常是根據大數法則，利用多次重複試驗中事件發生的相對次數，估計事件機率。

　　舉例來說，等式 $y = x^2$ 在 $x-y$ 平面上的圖形稱為拋物線（見圖 13.1）。曲線通過點（0，0）與（1，1），將以（0，0）、（0，1）、（1，0）與（1，1）為 4 頂點的矩形，視為平面上的平方單位。拋物線將平方單位分割成上下兩部分。現在的問題是計算拋物線 $y = x^2$ 以下的區域面積。只要利用基礎的微積分就可以解出答案：$\dfrac{1}{3}$。現在讓我們看看如何利用蒙地卡羅法估計此答案。自位於單位區間內的均等分配，獨立地選出兩個隨機數字 X 與 Y。由此可知（X，Y）位於單位區間內任何區域的機率，即該區域的面積。現在讓我們不斷地產生這些獨立與均等的隨機點，可

得（X_1，Y_1）、（X_2，Y_2）、…、（X_n，Y_n），其中每一個都代表了平方單位內，均等、獨立選出的一點。定義指標隨機變數 Zi 視（X_i，Y_i）是否位於拋物線下方而為 1 或 0。變數 Z_i 為獨立與均等分配，且

$$\frac{Z_1 + Z_2 + \cdots + Z_n}{n} \qquad\qquad (13.1)$$

之比率即為 n 次試驗中，落在拋物線以下的相對次數。根據大數法則可知此比率趨近於：

$$EZ_1 = \text{P}（（X_1，Y_1）位於拋物線以下）$$

＝位於拋物線之下之單位區間面積

這意味著只要 n 夠大，公式 13.1 的比率應近似於拋物線下的面積。n 要多大才能達到我們期望的精確水準，這一點和第 8.5 節中提及的問題相同。

若以圖示來說明，如果你用很多獨立產生、且撞擊表面的機率相等的粒子射向平方單位，粒子落在拋物線以下區域的相對次數（或比例），近似於拋物線以下的區域和平方單位的面積比。既然本例中平方單位的面積為 1，相對次數即近似於拋物線以下的區域面積。

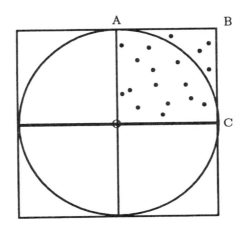

圖 13-2

　　現在讓我們估計圓周和直徑的比率，π，作為蒙地卡羅方法的第二個例子。首先考慮一個半徑為 1 單位的圓，圓心位於原點（見圖 13.2）。此圓的面積為 π。注意圓的右上個扇形位在平方單位上。現在讓我們將焦點放在平方單位與這個扇形上。程序和上例幾乎完全一樣：將獨立產生、且撞擊表面機率相等的粒子射向平方單位。位於扇形以內的粒子數之比例，便是隨機粒子落在扇形內的機率估計值。此機率便是扇形的面積，即 $\pi / 4$。因此，π 的估計值即此比例的四倍。你也可以使用第十二章的 Buffon 針的方法估計 π。若單純地拋擲針，此方法相當簡單而易懂，但若使用電腦則必須特別小心，因為在模擬程序中你必須在 0 至 π 的弧度中均等選擇角度 θ，這麼一來 π 必須為已知（詳情見第十四章）。這是個壞消息，因為我們不應該先瞭解 π 的值然後才去

估計它。你可以使用角度而非弧度以避免這個問題，但利用電腦估計 π 的 Buffon 法已不復當初那麼簡單了。

　　蒙地卡羅法可以為難以進行直接運算的問題提供估計值。如果我們想要計算數個相切面構成的空間之體積，那麼使用類似上述的蒙地卡羅程序會簡單的多。如前所述，使用視機率而定的方法，估計和機率完全無關的數量，似乎有點詭異。不過只要我們瞭解此方法的限制，就大可放心地放手去做。蒙地卡羅法只告訴我們估計值，一般說來，程式執行後得到的結果應該每次都不相同。但如果試驗次數非常大，那麼相同程序的不同執行結果應相當類似。最後的估計值應根據所有執行結果的平均，而每次的執行都包含了相當次數的試驗。

　　最後一個重點是蒙地卡羅或是模擬程序，最多都只和你使用的隨機數字產生器一樣好。若亂數產生器不良，那就別太期待成果會好到哪去。

13.6　1970 **年的抽籤徵兵**

　　本章最後將簡短討論美國政府在 1970 年使用抽籤方式選出應入伍服役的國民。讀者可於 Fienberg Stephen E 所著的《*隨機化與社會事務：1970 的抽籤徵兵*》之論文參見細節。

　　抽籤的目的一直以來就是為了做選擇，其過程的隨機性是為了確保公平。美國於兩次世界大戰期間均採用抽籤徵兵的方式。過程如下：公開且隨機地從一個大箱子裡選出內含數字的膠囊。

膠囊中的數字對應至役男的編號。統計學家研究 1940 年的徵兵
抽籤，發現嚴重地偏離真正的隨機設計。這些膠囊在挑選前顯然
沒有好好地混和均勻，因為混合這麼多的東西實在是非常困難，
以致於隨機模式無法適用。

　　在 1970 年，抽籤乃是根據生日，一年中的每一天對應至自 1
到 366 隨機選出的數字（包括潤年的 2／29）。生日對應至較小
數字的人會先被唱名。此抽籤之準備工作的敘述相當有趣。首先
將 1 月的 31 個日期寫在紙條上，把紙條分別塞進膠囊內，置入
一個很大的矩形木箱內。然後再把 2 月的 29 個日期寫在紙條上、
塞進膠囊內，置入木箱與一月的膠囊混合均勻。接下來再放入三
月的膠囊，再與一月與二月的膠囊混合均勻，直到放入十二月的
膠囊。此程序顯然並未以相同的方式對待一月與二月的膠囊，因
為一月的膠囊和其他月份的膠囊總共混合了 11 次，但十二月的
膠囊只和其他膠囊混合 1 次。在抽籤時，第一個取出的膠囊編上
1 號，第二個膠囊編 2 號，以此類推，直到選出所有的膠囊。在
那個時候，人們開始留意到，負責抽籤的人大部分的時候似乎都
是從箱子的最上層選擇膠囊。

　　因為 1940 年代抽籤的明顯瑕疵，1970 年的抽籤受到相當嚴
謹的統計監督，部分原因或許是因為當時正式統計學蓬勃發展的
年代。統計學家的看法相當負面。1970 年的抽籤並未通過多數的
統計檢定，因為資料應該來自於隨機選擇的過程。在一個繪有編
號與月份的平面圖上，顯示自一月到十二月的一年間，平均選擇
的數字減少的線性趨勢。進一步地檢查從 1 到 366 的抽籤數字，

將這些數字分成三組：1-122、123-244、245-366。我們發現在這三組內，各月分的分布情況並不相同。特別的是，我們觀察到在第一組中，一到四月出現的次數少於其他八個月份，和其他檢定的結果相符。還有其他幾項檢定，更加證實了抽籤的過程並未真正隨機的看法。此外，結論的明顯曲解似乎和抽籤的準備工作相輔相成。既然對應至後面月份的膠囊混合次數較少，若這些膠囊較可能被放在木箱的上層，那麼我們可以預期後面月份分配到的數字都較小。事實上，十二月分配到的 31 個數字中有 17 個屬於 1-122 這一組，但一月份只有 9 個數字屬於這一組。

因爲這些問題，1971 年的抽籤設計更爲嚴謹（同時向統計學家尋求協助，這顯然是前一年所沒有的）。包括了公開地混勻所有的生日膠囊並且抽籤。不過這次不再根據生日膠囊是第幾個被選出來的分配抽籤數字。這一次還會從另一個裝有 1 到 365 號小卡紙的盒子中，公開抽出一卡紙。從木箱選出生日膠囊後，再從盒子選出一張卡紙，卡紙上的號碼便是該生日的抽籤號碼。不過，以下才是和過去的抽籤都大不相同的重要創新：在這兩次挑選中，均使用國家標準局提供的合乎統計規定之隨機順序。此隨機順序決定各生日膠囊與標號卡紙在混合前、置入箱子的過程。事實上，在實際的混合生日膠囊與卡紙之前，此隨機程序便開始了混合的工作。實際的混合動作只是滿足一般大眾對隨機的刻板印象罷了。

✎ 練習

1. 上醫院接受藥物治療的門診病患將參與一測試新藥成效之實驗。抵達醫院後，各病患被編入接受新藥治療的實驗組（一）或是接受舊藥的對照組（二）。此實驗共需四十名病患。描述將病患編入新組或舊組的方法。若每一組各包含二十名病患，應當如何調整此程序？

2. 描述使用隨機數字表隨機選出數字元 0、1，數字元被選上的機率各為 1／2 的程序。使用類似的程序選出數字元 0、1 與 2，數字元被選上之機率各為 1／3。

3. 說明人為亂數與隨機數字之間的差異。

4. 你覺得，在隨機數字表中，看到同一數字連續重複出現三次的機率有多大？

5. 在獨立試驗中，將大量的點投射至長、寬各三單位的平面上，每一點在平面上均為均等分配。有 35% 的點落於平面上的特定區域 R，其餘 65% 的點落在 R 以外。使用蒙地卡羅程序估計區域 R 的面積。

📖 第 14 章

電腦與機率

你可以聽到他們的嘆息聲與祈求死去的禱告聲。

你可以看到他們眨著淚眼，

看著那個男子砸破蒙地卡羅的銀行。

The Man Who Broke The Bank at Monte Carlo

Popular song, words and music by Fred Gilbert

14.1 電腦二三事

　　如前章所見，一部配有完好亂數產生器的現代化電腦，可以協助你進行模擬與蒙地卡羅計算，並由此瞭解許多機率學的基本法則。機率學的許多結論，如大數法則，在導出成果前都需要大量的試驗。有了電腦以後，就可以在非常短的時間內模擬許多次的試驗，所以我們可以利用機率學和電腦，充分檢驗結論或甚至發現新玩意。本章需要對個人電腦與程式語言有基本的認識。我們需要寫一些基本的模擬演算與蒙地卡羅程序，以說明前幾章討論的例子。模擬演算是以有限步驟對問題解法的逐步描述。我們

將以人為編碼來寫模擬演算，也就是普通的英文。為了讓模擬演算在電腦中產生結果，你必須將人為編碼轉換成個人慣用的電腦語言。我通常使用名為 QBASIC 的語言，這是 BASIC 的變化之一。程式執行下列演算的時間視各種因素而定，如必要的試驗次數與電腦配備。

以下所有的模擬演算，均需要靠電腦產生人為亂數（自第十三章回想產生人為亂數的討論）。演算中使用的「設定隨機來源」的指令，意謂著決定人為亂數序列的隨機來源，是由你或電腦選擇，或最好由電腦以隨機的方式選擇。有一項指令可以做到這一點，例如讓處理指示的時間決定隨機來源。

在單位區間內產生的亂數序列，通常是統一的，因為是以有限的小數點來表示。在 QBASIC 中，是利用「PrintRND」指令來產生小數點。在執行時，將產生七位數的小數點（如 0.7055475），其中每個數字元都是隨機的。

以下的模擬演算中有許多都需要從一些有限集合取得隨機數字元，不過我們可以使用一些簡單的轉換，從電腦的隨機小數點數字取得。在 QBASIC 中，取得自 0 至 9 的隨機數字元的另一個方法是使用「INT （10*RND）」的表示方法。在單位區間內取隨機小數點數字 RND，再延伸至 0 至 9.99＋之間的隨機小數點，選擇整數部分。各個數字出現的機率均為 0.1。若要取得發生機率均為 0.5 的隨機數字元 0 或 1，可以在 QBASIC 中，令 RND≦0.5 時，$X=0$，否則 $X=1$。為了將以下的演算轉換成適當的程式編碼，你必須非常熟悉手邊使用的程式語言對於隨機數字

之選擇的指示。請注意，以下的指示只叫你選擇隨機數字元，並未指明方法，用意是讓使用者自行選擇出現機率相同的可能數字元。舉例來說，如果我們現在需要從 1 至 3 之間選擇數字元，三者出現的機率均為 1 / 3。

　　還有一點很重要，在任一個蒙地卡羅程序中，你可能想要知道需要重複多少次才能得到所期望的近似值。如前所述（見第 8.5 節）。雖然有方法可以求出解答，不過我們並不擔心這個問題。我們只要進行不同次數的重複，再看看結果為何即可。

14.2　隨機序列中 0 出現的相對次數

　　我們現在可以寫第一個演算。使用者自行決定試驗次數，N。每次試驗自 0 至 9 產生一個隨機數字元。若出現 0，計數器增加 1。此程序將不斷重複直到完成 N 次試驗。0 出現的比例就是計數器的數字除以 N。若 N 夠大，根據大數法則可知其出現的相對次數趨近於 0.1。透過更改步驟 5 中的 X 值，此演算可套用至其他任一數字元。

　　1.設定隨機來源。

　　2.輸入試驗次數 N。

　　3.讓計數器歸零。

　　4.自 0 至 9 選定隨機數字元 X。

　　5.若 $X = 0$ 那麼計數器增加 1。

　　6.重複步驟 4 與 5 直到產生 N 個數字元。

7.列出 0 出現的比例；也就是計數器的數字除以 N。

令 $N=50$、100、1,000、5,000 與 10,000，執行程式，結果分別產生 0.04、0.08、0.099、0.1062 與 0.1003 的相對次數。注意當 N 很小時，和極限值 0.1 之間的差距甚大，但當 N 增加時情況慢慢改善。將演算稍做改變可使其列出所有產生的數字元，因此提供了隨機數字表。

14.3 拋擲硬幣的模擬

此演算模擬硬幣的拋擲，和上節非常類似，只不過選擇的是 0 或 1 的隨機數字元。除了計算每次試驗中正面出現的相對次數（以數字元 0 來代表），還會視該次試驗中出現正面或反面，列出「H」或「T」。根據大數法則，只要 N 夠大，正面出現的比例應趨近於 0.5。

1.設定隨機來源。

2.輸入試驗次數 N。

3.讓計數器歸零。

4.自 0 或 1 選定隨機數字元 X。

5.若 $X=0$ 則列出「H」且計數器增加 1。

6.若 $X=1$ 則列出「T」。

7.重複步驟 4、5 與 6 直到產生 N 個數字元。

8.列出正面出現的比例；也就是計數器的數字除以 N。

從 1,000 次的拋擲中，我計算出 0.517 的相對次數；5,000 次

的拋擲則是 0.5144；10,000 的拋擲則是 0.5014。

14.4　擲兩顆骰子的模擬

　　為了模擬擲兩顆骰子的情況，自 1 至 6 產生兩個一組之隨機數字元。此處利用兩個計數器儲存 7 和 11 點出現的總次數；這兩個計數器是用來計算 7 點與 11 點的相對次數。

1. 設定隨機來源。
2. 輸入試驗次數 N。
3. 讓 7 號計數器與 11 號計數器歸零。
4. 自 1 或 6 選定兩個隨機數字元 X 與 Y。
5. 若 $X+Y=7$ 則 7 號計數器增加 1。
6. 若 $X+Y=11$ 則 11 號計數器增加 1。
7. 重複步驟 4、5 與 6 直到產生 N 組數字元。
8. 列出 7 點與 11 點出現的比例；也就是 7 號與 11 號計數器的數字除以 N。

　　根據大數法則，出現七點的相對次數應趨近於 0.1666…，出現 11 點的相對次數則趨近於 0.0555…。使用 1,000、5000 與 10,000 作為擲骰子次數執行程式，可得七點出現的相對次數分別為 0.149、0.164 與 0.1621；11 點則是 0.065、0.053 與 0.0547。注意在 10,000 的擲骰子試驗中，七點出現的相對次數並不像 5,000 次的擲骰子試驗那般趨近於理論值 0.166…。這不是很奇怪嗎？大數法則不是告訴我們只要試驗次數增加，就會更趨近於理論

值？這一點都不奇怪，因為理論只告訴我們在長期而言，大部分的樣本都會益加平均，但卻沒有告訴我們在比較兩個不同的樣本，到底需要多少次的試驗才會接近理論值。

14.5 Buffon 擲針問題的模擬

現在讓我們取一個單位長度 $L=1$ 的針，且兩直線間的距離 $D=2$。根據上一章的分析以及第十一章的討論，在單位區間上隨機選擇距離 X，同時自 0 至 π 的區間中隨機選出 θ。若步驟 6 的不等式成立，那麼針將和直線相交，相交的相對次數應趨近於 $1 / \pi \approx 0.3183$。

1.設定隨機來源。

2.輸入試驗次數 N。

3.讓計數器歸零。

4.在單位區間以均等方式選出隨機數字 X。

5.在區間 0 至 π 以均等方式選出隨機角度 θ

6.若 $X < \dfrac{1}{2} sin\theta$，那麼計數器增加 1。

7.重複步驟 4、5 與 6 直到產生 N 組數字元 $(X，\theta)$。

8.列出針和直線相交的比例；也就是計數器的數字除以 N。

從 500 次的拋擲中，計算出 0.302 的估計值；1,000 次的拋擲則是 0.334；10,000 的拋擲則是 0.3176。

14.6　將點投射至圓以產生 π 的蒙地卡羅估計

我們在第十三章解釋過此問題。自單位區間內隨機選出的數字，隨機兩兩配成一組，在平方單位上產生一點。若步驟 5 的不等式成立，那麼點 $(X，Y)$ 便落在直徑為 1、圓心為原點之圓的右上 方扇形之內。點落在扇形內的相對次數估計值為 $π / 4$；此結果將被用來產生步驟 7 中的 $π$ 估計值。

1. 設定隨機來源。

2. 輸入試驗次數 N。

3. 讓計數器歸零。

4. 在單位區間以均等方式選出隨機數字 X 與 Y。

5. 若 $X^2 + Y^2 < 1$，那麼計數器增加 1。

6. 重複步驟 4 與 5 直到產生 N 組隨機數字元。

7. 列出 $π$ 的估計值；也就是計數器的數字除以 N。

從 1,000、5,000 與 10,000 的試驗中，分別產生 3.16、3.1648 與 3.12 的估計值。

14.7　折筷問題的蒙地卡羅估計

在第 11.6 節，我們找出在隨機兩點折斷一根筷子，可產生一個三角形的機率。以下演算提供此機率的蒙地卡羅估計。在 N 次試驗中的每一次，均在隨機兩點 u 與 v 將筷子折成三段。你可以

回憶在該問題的解法中，有三項不等式必須成立才會形成三角形。這三項不等式形成了步驟 6 的條件，只要這三項不等式成立計數器便增加 1。

　　1.設定隨機來源。

　　2.輸入試驗次數 N。

　　3.將計數器歸零。

　　4.選定兩個隨機數字 u 與 v，兩者在單位區間內被選上的機率相等。

　　5.令 u 與 v 中大者為 Y、小者為 X。

　　6.若 $X < 0.5$，$Y > 0.5$，且 $Y - X < 0.5$，則計數器增加 1。

　　7.重複步驟 4、5 與 6 直到產生 N 組隨機數字 (u, v)。

　　8.列出三角形出現的比例；也就是計數器的數字除以 N。

　　使用 500、1,000、10,000 與 20,000 的試驗次數執行程式，對實際機率 0.25 的估計值分別為 0.224、0.259、0.2475 與 0.2473。

14.8　**二項式機率的蒙地卡羅估計**

　　拋擲一枚公平硬幣十次。利用二項式分配（第 7.2 節）計算剛好出現三次正面的機率為 $C_{10,3} 2^{-10} \approx 0.1172$。我們可以不斷重複拋擲硬幣十次的過程，計算剛好出現三次正面的相對次數以估計此機率。選定隨機數字元 0 與 1，1 代表正面出現。若該次過程中，拋擲十次出現三個正面，那麼計數器增加 1。

　　1.設定隨機來源。

　　2.輸入過程次數 N。

3.將計數器歸零。

4.將總和歸零。

5.選定隨機數字元 X 等於 0 或 1。

6.將 X 值加入總和，並將結果儲存於總和中。

7.重複步驟 5 與 6 直到產生十個隨機數字元。。

8.若總和＝3 則計數器增加 1。

9.重複步驟 4、5、6、7 與 8 直到產生 N 次過程。

10.列出公平硬幣拋擲十次中，剛好出現三次正面的機率估計值；

也就是計數器的數字除以 N。

在 1,000、10,000 與 15,000 次試驗中，導出的估計值分別為 0.123、0.1142 與 0.1199。

稍稍修改此演算便可得到其他的二項式機率估計。舉例來說，若伯努力試驗中的成功機率為 0.1，可以立即修改上述演算以估計在十次試驗中剛好成功三次的機率。令成功等於選中數字元 X 等於 1 的機率，其值為 0.1。那麼上述的步驟 5 就變成：

5.選定隨機數字元 X 等於 0 或 1。

令隨機數字元 U 等於 0 至 9 的數字，當 $U=1$ 時 $X=1$，當 U 不等於 1 時 $X=0$。二項式分配計算出此機率為明確的 $C_{10,3}(0.1)^3(0.9)^7 \approx 0.0574\cdots$。執行 1,000、10,000 與 15,000 次試驗產生的估計值分別為 0.043、0.0654 與 0.056。

_14.9_　在喜巴拉遊戲中贏錢機率的蒙地卡羅估計

　　在本程式中，我們模擬 N 次的喜巴拉遊戲，N 由使用者自行決定。記錄獲勝的局數。接著就可以計算勝局的相對次數以估計在喜巴拉遊戲中贏錢的機率。在遊戲開始時，令 $X+Y$ 為兩顆骰子的總和。若贏得遊戲，那麼計數器增加 1，然後繼續開始新遊戲，若輸掉遊戲就再開始一場新遊戲，若產生點數，那麼就繼續丟擲骰子直到 $U+V$ 等於 7（輸）或點數（贏）。若贏得點數，那麼計數器便增加 1。贏或輸掉點數後，再重新開始新局。

1.設定隨機來源。

2.輸入遊戲次數 N 局。

3.將計數器歸零。

4.選定隨機數字元 X 與 Y，兩者均介於 1 至 6 之間。

5.若 $X+Y=7$ 或 11，那麼計數器增加 1，跳至第 12 個步驟。

6.若 $X+Y=2$、3 或 12，那麼跳至第 12 個步驟。

7.若 $X+Y=4$、10、5、9、6 或 8，令點數 $=X+Y$。

8.選定隨機數字元 U 與 V，兩者均介於 1 至 6 之間。

9.若 $U+V=7$，跳至第 12 個步驟。

10.若 $U+V=$ 點數，那麼計數器增加 1，跳至第 12 個步驟。

11.若 $U+V \neq 7$ 或點數，就回到步驟 8。

12.回到步驟 4（開始新局），不斷重複直到完成 N 局。

13.列出勝局的比例；也就是計數器的數字除以 N。

在 1,000、5,000、10,000 與 20,000 的賭局中，分別產生 0.476、0.4806、0.4916 與 0.4867 的估計值。由第六章中回想，在喜巴拉遊戲中獲利的機率約爲 0.4929。

14.10　賭徒傾家蕩產機率的蒙地卡羅估計

現在我們對第十章中賭徒傾家蕩產的機率進行蒙地卡羅估計。令 N 爲遊戲重複的次數。賭徒的賭本爲 i，總資本爲 a、輸 \$1 的機率爲 q（往左移動一個單位）。我們可以選定數字 -1 與 1 的機率分別爲 q 與 p 來表示此遊戲。若 $q = 6 / 11$，就可以令 X 爲介於 1 至 11 之間的隨機數字元，當 $X = 1$ 至 6 時，win $= -1$，否則 win $= 1$。首先將計數器歸零。每次開始重複遊戲時，總和計數器均設爲 i，再將每次賭局的 win 加入，直到總和等於 0（賭徒傾家蕩產）或總和等於 a（對手傾家蕩產）。若賭徒輸光光，那麼計數器便增加 1。上述過程共重複 N 次。

1.設定隨機來源。

2.輸入重複次數 N。

3.將計數器歸零。

4.紀錄賭徒的賭本爲 i，總資本爲 a。

5.將總和歸零。

6.選定數字元 win 等於 -1 或 1，機率分別爲 q 與 p。。

7.將 win 值加入總和，並將結果儲存於變動總和中。

8.若總和等於 0，那麼計數器增加 1，跳至第 11 個步驟。

9.若總和等於 a，那麼跳至第 11 個步驟。

10.若總和不等於 0 或 a，那麼跳至步驟 6 重新開始。

11.回到步驟 5（新賭局），不斷重複直到完成 N 次重複。

12.列出賭徒傾家蕩產機率的估計值；也就是計數器的數字除以 N。

　　針對 $i=2$、$a=5$、$q=0.5$ 進行 5,000 次的模擬，對實際值 0.6 產生 0.598 的估計值；針對 $i=3$、$a=5$ 與 $q=0.8$ 進行 5,000 次的模擬，對實際值 0.9384 產生 0.9424 的估計值。

14.11 建立近似常態的隨機變數

　　此練習告訴我們如何利用第 12.3 節中討論的中央極限定理，建立近似於標準常態分配的隨機變數。我們要加總 900 個獨立的指標變數 X，每個變數為 0 或 1 的機率分別為 0.5（所以你可以將第 i 個變數，想成是第 i 次拋擲公平硬幣出現正面的指標變數）。結果顯示，如果加總項目不夠多的話，對二項式變數進行近似常態的結果並不理想；這正是本練習取這麼多變數的原因。現在將加總減去期望值，然後除以標準差將加總標準化，產生變數 Y。根據中央極限定理，既然加總的項目非常多，那麼 Y 應當近似於標準常態分配。為了檢查這一點，對 Y 落在 −1 至 1 的區間內的機率做蒙地卡羅估計。若 Y 的分配的確趨近於標準常態，那麼此機率應趨近於 0.68，亦即標準常態變數 Z 位於相同區間的機率。做法是：計算 N 個 Y，每當 Y 落在該區間，計數器便增加 1。

1.設定隨機來源。

2.輸入重複次數 N。

3.將計數器歸零。

4.將總和歸零。

5.選定隨機數字元 X 等於 0 或 1。

6.將 X 值加入總和，並將結果儲存於總和中。

7.重複步驟 5 與直到產生 900 個數字元 X。

8.令 $Y=$（總和 -450）$/15$。

9.若 $Y>-1$ 且 $Y<1$，那麼計數器增加 1。

10.回到步驟 4，不斷重複直到完成 N 次重複。

11.列出 Y 落在 -1 至 1 的區間內的機率估計值；也就是計數器的
　　數字除以 N。

　　進行 100、300 與 1,000 次的試驗，得到的估計值分別
為 0.62、0.6633 與 0.678。

　　你可以把步驟 7 中的 900 換成 50 或 100，重做此練習。現在
的估計值為何？

　　在本章，我想讓你了解模擬與蒙地卡羅程序，同時領會結合
電腦與機率學概念的樂趣。你可以自行思考其他的模擬情況，進
行蒙地卡羅估計。以下的練習提供了一些例子。

✎ 練習

1. （a）為 chuck-a-luck 遊戲（第 7.3 節）寫出模擬演算。（b）改寫（a）中的模擬，為 chuck-a-luck 遊戲中贏 $2 的機率做蒙地卡羅估計。

2. 為第一章的汽車—山羊遊戲寫出模擬演算,然後使用此演算估計改變選擇後,贏得汽車的機率。

3. 修改第 14.11 節中的演算,看看事件 $Y>0.5$ 和事件 $-0.3<Y<0.3$,哪一個較接近

$P(Z>0.5)≈0.3085$ 與 $P(-0.3<Z<0.3)≈0.2358$,

其中 Z 為標準常態變數。

4. 為輪盤遊戲寫出模擬演算,估計押注於黑色數字而贏錢的機率。

5. 為平方單位（左下角位於原點,長與高各為 1 單位）內,介於曲線 $y=x^2$ 與曲線 $y=x^3$ 間的面積作蒙地卡羅估計。

6. 傑克和羅絲玩以下的遊戲:有 100 枚硬幣,編號從 1 到 100。其中編號 k 的硬幣出現正面的機率為 $1/k$。隨機選擇一枚硬幣並拋擲。首先,如果硬幣的編號為偶數,此時出現正面,那麼羅絲付給傑克 $1,否則傑克給羅絲 $1。如果硬幣為奇數,此時出現正面,那麼傑克付給羅絲 $1,否則羅絲給傑克 $1。為此遊戲寫出模擬演算,並用來估計傑克玩一場遊戲後贏 $1 的機率。

📖 第 15 章

統計學：將機率學應用至
決策制定

你不應該坐著等；

跟隨統計學家，不要委託別人幫你決定；

這就是社會科學。

W.H. Auden, Under Which Lyre

15.1　統計學的用處

　　機率學可簡單描述為評估不確定性的數學理論，而統計學的原理則是在面臨不確定時作決策的數學理論。在前面幾章中，我們看到一些統計問題的例子（比方說，決定某串數字是否為隨機數字）。統計學家使用的主要理論工具就是機率：為了作出合理的決策，必須評估各種可能結果的不確定性。統計學家基本上是透過研究少數樣本以了解整個母體，根據自樣本中收集得來的資

料推論母體。此種方法稱為歸納性推論（ *inductive inference* ），由個體推論至整體。不過此種方法卻伴隨著危險。

　　當統計學家作出決策時，她知道這項決定可能是錯的；因此犯錯的可能性對於她的程序與方法具有相當的影響力。統計學家的工作，就是設計出最適合的方法，讓這些決策從理性的觀點來看，使用了最科學的方法。因此，統計學家相當重視觀察（ *observation* ）。我們從一些簡單的例子開始，讓你知道在解釋原始資料時必須相當仔細；還有不論有意或無意，對數字做出不適當的解釋都有可能造成含糊不清的結論。

15.2 　利用統計學來說謊？

　　一句著名的諺語說到，哪裡有天大的謊言，那裡一定有位統計學家。其背後的含意是，透過選擇性地呈現資料，可以支持任何說法。對於資料，我們可以用有效或無效的方法來看待，而對於不確定的論點，則通常使用無效的方法企圖尋找立足點，不論有意或無意。舉例來說，假設商人宣稱 10 個人中有 8 個人比較喜歡產品 *A* 而非產品 *B*。妳可能對產品 *A* 印象深刻，直到妳發現這 8 個人是來自 100 個人的母體，其中有 92 人較喜歡產品 *B*，只有 8 個人較喜歡產品 *A*。商人刪去 90% 他們不喜歡的資料！再舉另一個例子，假設某電視宣傳說，愛看這個節目的男女觀眾比例是 5：1。不過當我們仔細研究資料後才發現，在該時段看電視的 100 名男性與 10 名女性中，分別有 20 名男性與 4 名女性觀看

此節目。此資料的解釋使用了原始的比例作爲基礎，也就是20：4。不過原始比例是無意義的；我們需要的是觀看此節目之男女觀眾的比例估計值。愛看此節目的男女觀眾比例分別是 20% 與 40%。由此觀點來看，我們可以說愛看此節目的女性是男性的兩倍。但此結論也是不確定的，因爲樣本中的女性過少。

　　資料中潛藏的更細微之危險，稱爲混淆因素。一項針對研究所入學許可的性別歧視研究顯示，大約有 44% 的男性申請者獲得許可，相較於女性的 35%。看起來似乎女性遭受歧視。不過，申請入學的許可是各系所自行決定的，若分別研究各系的資料則沒有歧視的情況。事實真相是，許多女性申請比較難進的系所，而男性則多半申請較容易進入的系所。男女對於系所的不同偏好，證明了性別歧視存在的這項統計學結論是錯誤的。若研究人員控制不同系所這項變數，其相關性便消失了。

　　敘述統計學（*descriptive statistics*）是以明確、有效的方式，利用圖、表等呈現資料，同時凸顯重點的藝術。如上所述，不良或無效的資料解釋可能造成誤導，通常使用在有強烈說服企圖時，如廣告業或政治活動。我們現在要看看一些資料之原始呈現並不重要的問題，此時需要更爲細微的數學分析才能作出統計推論。我們將利用檢定假說的一個基本問題，使這個概念更爲具體。

15.3　在兩個機率中作決定

　　統計學的一個基本問題，涉及了判斷某現象的數學模式，是

否與此現象的直接觀察一致，否則應予以拒絕，接受更好的模式。現在假設你的朋友是個賭神。他有一枚動過手腳的硬幣，這枚硬幣每次擲出正面的機率是 3／4 而不是 1／2。現在他手上拿了一枚硬幣，問妳猜不猜得出這枚硬幣是否公平。妳知道這枚硬幣可能公平也可能不公平，利用這枚硬幣在拋擲 100 次時出現多少次正面的資料作出決定。現在我們將這兩種可能情況描述為兩個假說（*hypotheses*），H_0 代表 $p = 1／2$，而 H_1 代表 $p = 3／4$。現在開始拋擲硬幣，在 100 次拋擲中正面出現 80 次。妳的決定為何？

就算是對機率沒啥概念的人，也可以合理地決定 H_1 成立。其推論如下：若 H_0 成立，那麼在 100 次拋擲中，出現正面的次數約為 50 次。但若 H_1 成立，那麼正面的出現次數將稍多，大約 4 次中出現 3 次，也就是 100 次中出現 75 次。因為我們觀察到的 80 次遠多於 H_0 的期望值 50 次，所以拒絕此假說。因為 80 次和 75 次的差距較 50 次為小，因此 H_1 較為符合。

若現在觀察到的次數為 42 次，那麼此種大膽的思考方式在直覺上也是正確的。此時，因為 42 次較為接近 H_0 的 50 次，而非 H_1 的 75 次，因此接受 H_0。我們必須對 100 次拋擲中不論出現多少次正面都能作出決策，才算真正解決這個問題。對於所有可能的出象，告訴我們該如何做決定的方法，稱為假說 H_0 與假說 H_1 的檢定。當我們觀察到 63 次正面時該怎麼決定呢？現在直覺沒用了，我們需要更為踏實的原則。

為了說明此原則，我們必須充分理解此問題的含意。假設在

100 次拋擲中觀察到 0 次的正面。這項發現會讓我們同時懷疑 H_0 與 H_1 的真實性，因為在這兩種模式中，0 次正面都不太可能發生。但若問題的基本規定是必須在兩個選擇中決定一個，那麼對 0 次正面較為合理的選擇當然是 H_0，因為 0 次較接近 50 次而非 75 次。因此，若我們必須在兩者選出一個，那麼合理的解決方法是：有一個判定值 c，$0 \leqq c \leqq 100$，假設正面出現 h 次，若 $h \leqq c$ 則接受 H_0，若 $h > c$ 則拒絕 H_0。（拒絕 H_0 等同於接受 H_1－不過傳統上，統計學者會以接受或拒絕 H_0 來表示，H_0 稱為虛無假設）。我們現在想要闡揚一個概念，亦即若需要在正面出現的一大一小機率間做選擇，如果我們觀察到正面出現的次數相對較少，那麼應選擇較小的機率，反之若觀察到正面出現的次數相對較大，則選擇較大的機率。可以透過判定值 c 的設定，決定相對較小與相對較大的界線。

此時我們不禁要問：我們該如何決定 c 呢？答案是，若沒有進一步的統計學原則就無法決定 c。決定 c 的方法之一便是最大概似法（*method of maximum likelihood*），選擇可使實際觀察到的事件發生機率極大化的選項。也就是說，如果現在出現了 h 次的正面，那麼分別計算在 H_0 與 H_1 的情況下 h 次正面出現的機率，並選擇可產生較大機率的假說。假設在 100 拋擲中出現 h 次的正面。在 H_0 與 H_1 之下觀察到 h 次正面的機率分別為：

$$C_{100,h}(0.5)^h(0.5)^{100-h} \text{與} C_{100,h}(0.75)^h(0.25)^{100-h}。$$

最大概似法告訴我們，只要第一個機率小於第二個機率，就

應該拒絕 H_0。也就是當下列情況成立時應拒絕 H_0

$$(0.5)^h(0.5)^{100-h} < (0.75)^h(0.25)^{100-h} \qquad \circ$$

利用一些運算方法，可得到下列不等式：

$$\frac{100(\log(0.5) - \log(0.25))}{\log(0.75) - \log(0.25)} < h \qquad \circ$$

利用計算機算出左手方的數值約為 63.1。也就是說，當我們觀察到的正面出現次數 h 小於或等於 $c = 63$ 時，就應該接受 H_0；當 h 大於 63 時，就應該拒絕 H_0。

但現在假設我們想要檢定 $H_0 : p = 1 / 2$ 與 $H_1 : p = 1 / 4$ 而非 $p = 3 / 4$。此時直覺證明若 100 次拋擲中出現的正面過少就應該拒絕 H_0，正確的判定值則需再次借助最大概似法來決定。在原始問題中，拒絕區域（對 H_0 而言）為右尾，現在則變成了左尾（尾，指的是大於或小於某常數的數值區間）。為了理解這一點，我們必須比較：

$$C_{100,h}(0.5)^h(0.5)^{100-h} \text{與} C_{100,h}(0.25)^h(0.75)^{100-h} \circ$$

當下列情況發生時必須拒絕 H_0，

$$(0.5)^h(0.5)^{100-h} < (0.25)^h(0.75)^{100-h} \qquad ,$$

也就是說，

$$\frac{100(\log(0.5) - \log(0.75))}{\log(0.25) - \log(0.75)} > h \qquad \circ$$

　　注意此不等式的方向已改變；這是因為分母為負，所以符號必須相反才能導出右手方的 h。經求算後 $h < 36.9$，因此若正面出現次數等於或小於 36 次，便拒絕 H_0，否則應接受 H_0。

15.4　更複雜的決策

　　最大概似法的基本統計概念是：若觀察值在假說 A 下的發生機率大於假說 B，便接受假說 A。不過當然有可能會犯錯：事實上假說 B 才是正確的。此決定乃是基於大自然告訴我們的實證事實：越有可能的事件，發生次數越多，所以我們對觀察值做出判斷。我們可以進一步地解釋最大概似法的理論基礎。此方法只知道在哪一個假說下，觀察值發生的機率較高。現在，我們想要使用這些機率的實際數值以評估此決策的信賴水準。舉例來說，如果在假說 A 下觀察值發生的機率越大，在假說 B 下觀察值發生的機率越小，接受假說 A 的決策似乎更讓人信服。在本節，我們想要將這些概念應用在較複雜的假說檢定之問題上。

　　你的賭鬼朋友跟你打賭。他拿出一枚硬幣，如果拋擲後出現正面，你要付他 $\$1$，若出現反面他付你 $\$1$。不過你要求先檢查硬幣的公平性，再決定是否加入。賭鬼朋友心不甘情不願地答應了；他不明白你為何不相信他──他辯稱之前每次玩這種遊戲都贏錢，純粹只是巧合而已。你問他是否可以使用同一枚硬幣，但若出現正面你得 $\$1$，出現反面他得 $\$1$。對方斷然拒絕，他說硬幣絕對公平，但因為正面總是帶給他好運，所以他堅持押注於正

面。不過他同意讓你拋擲硬幣 100 次檢查是否公平。假設拋擲結果出現 60 次正面，該下注嗎？

令 p 為每次拋擲出現正面的機率。為了決定硬幣是否公平（同時決定是否下注），你可以設定虛無假設 $H_0 : p = 1 / 2$，對立假設 $H_1 : p > 1 / 2$。如果 H_0 成立，那麼硬幣公平可以加入賭局，但若 H_1 成立，硬幣出現正面的機率較高，輸錢的機率也較高。為了檢定 H_0 與 H_1，第 15.3 節中的直覺法為：正面出現的次數若大於某判定值 c 即拒絕 H_0，因為正面出現次數越多，p 就越可能大於 1 / 2。但此處你不能比照第 15.1 節的作法，使用最大概似法決定 c 值，因為對立假設和虛無假設的分配不一定相同。

或者我們可以試試以下的方法。令 h 為 100 次試驗中觀察到的正面次數，計算虛無假設下的 P（$h \geq 60$），稱為虛無假設的 p 值（此 p 值中的 p，和硬幣出現正面的機率 p 無關）。p 值便是若虛無假設成立，觀察值和實際值至少一樣大的機率。你可以把 p 值視為在虛無假設成立的情況下，**觀察值讓我們驚訝程度的評估**。若 p 值相當小，那麼你應該質疑為何在虛無假設下會產生此種觀察值，將其視為支持對立假設 H_1 的證據。因為在 H_0 之下不太可能出現這個觀察值。另一方面，若 p 值相當大，那麼得到的觀察值應不令人意外，既然接下來的觀察值較之前的數值還要大的機率很高，那就無法提供拒絕虛無假設的證據。p 值多小我們才能拒絕 H_0 呢？這一點相當主觀，視個人期望拒絕假說的證據有多強而定。傳統上，統計學家認為 p 值應小於或等於 0.05 才能拒絕 H_0。0.05 的 p 值意謂著若 H_0 成立，你觀察到的數值至少和

實際記錄數值一樣大的情況，100 次中只有 5 次可能發生。p 值越小，拒絕 H_0 的證據越充分；因此 0.001 的 p 值相當具有說服力，因為若虛無假設成立，觀察到的數值至少和實際記錄數值一樣大的情況，1000 次中只可能有 1 次。舉例來說，在我們的問題中，如果你真心信賴這個賭鬼朋友，在你拒絕公平性假設（虛無假設）前，你希望有相當強力的證據證明硬幣對他有利，所以你可能希望 p 值至少為 0.01 或 0.001 你才會拒絕 H_0。另一方面，如果你很怕在不公平遊戲中輸錢，可能只要有一點證據你就會拒絕虛無假設，因此你可能採用 0.05 或更大的 p 值。

我們如何實際計算出此問題的 p 值？我們將需要使用二項式分配機率計算以下的機率，

$$P（h \geqq 60）= P（h=60）+ P（h=61）+ \cdots + P（h=100）。$$

因為必須針對 $x=60$、61、62…等等，計算二項式係數 $C_{100,x}$ 並且加總，所以計算過程相當繁瑣。還好有二項式分配表可以幫個忙。你也可以找出二項式的估計值。另一個方法是利用中央極限定理找出近似值。令 X_i 為指示方程式，視第 i 次拋擲出現正面或反面其值為 1 或 0。假設 H_0 成立，

$$Z = \frac{X_1 + X_2 + \cdot \cdot + X_{100} - 50}{5} \qquad （15.1）$$

若 100 項便足以讓常態趨近成立，那麼 Z 將近似於標準常態分配（見第十二章）。然而，不幸的是，對於此種二項式分配，

若僅有 100 個觀察值，是無法利用常態分配產生近似（見第 14.11 節）。最好有 1,000 項以上的觀察值。不過現在為了說明之用，暫時假裝 100 項已足以讓常態趨近成立。X 的總和就是 h，因此根據公式 15.1，P（$h \geq 60$）等於 P（$Z > 2$）。根據常態分配表，我們可以查到此機率，亦即 p 值，介於 0.02 至 0.03 之間。若使用此值作為二項式分配之 p 值的近似值，你便有充分的理由拒絕 H_0，拒絕加入賭局。如前所述，因為樣本太小所以這項近似無法令人充分信服——畢竟，就算二項式機率和常態機率僅有 0.03 的差異，也可能改變我們的決策，從拒絕 H_0 到接受 H_0。但只要樣本夠大、近似程度夠，那麼使用常態近似的構想是非常好的。

若對立假說的形式為 $H_1 : p < 1 / 2$ 或 $H_1 : p \neq 1 / 2$，就可以採用一個類似的方法。對於前一種情況，若觀察到的正面次數太少，就會拒絕虛無假設（左尾拒絕區域）。現在 p 值應為 P（$h \leq a$），其中 a 是觀察到的正面出現次數，如同以往，我們可以使用標準常態分配算出此機率的近似值（同樣的，只能利用 100 項的觀察值）。至於後一種情況（$H_1 : p \neq 1 / 2$），若觀察到過多或過少的正面，就拒絕虛無假設（雙尾拒絕區域）。此時我們應思考 P（$h \geq a$）與 P（$h \leq a$），其中 a 是觀察到的正面次數，令 p 值為兩機率中較小者的兩倍。我們現在所做的，就是利用較小的數值，定義一尾的拒絕區域，使用相同的數值定義另一尾的拒絕區域。拒絕 H_0 的總機率便為 p 值。

舉例來說，假設你現在想要決定一硬幣是否公平。和前述賭徒問題中，對立假設乃是基於硬幣偏向特定方向不同，現在若有

足夠證據可證明硬幣可能偏向任一方向，那麼便拒絕虛無假設。因此，我們令 $H_1：p \neq 1 / 2$。若觀察到 60 次正面，p 值便是之前求出的右尾 p 值的兩倍，介於 0.04 與 0.06 之間的某個數值。此時，因為 p 值較大，推翻虛無假設的證據似乎較為薄弱。在直覺上這一點並不令人意外；如果你不知道可能偏誤的方向，支持 H_1 的證據種類似乎也較多。因此，在雙尾的情況中，任何的證據分配到的加權，相較於單尾的情況將變的較少。

15.5　湖中有多少條魚，還有其他關於估計的問題

現在我們想要知道湖中有多少條魚，所以我們撈了 1000 條魚，在牠們身上作記號，然後放回湖中。一兩天後，再撈 1000 條魚，發現其中有 200 條身上有記號。那麼湖中魚數的合理估計值為何？

此問題的解法之一，會讓我們回想起利用獨立、均等分配的點隨機投射某區域的問題。在第十三章討論此問題，在第十四章中還參考了蒙地卡羅估計法。其主要的想法是，投射至任一區域的點數和投射至另一區域的點數比率，應大致等於兩區域面積的比率。所以如果我們投射 N 個點至平方單位上，有 i 點落在面積 x 未知的區域上，就可以利用 i / N 來估計 x，N 越大估計值越佳。

現在假設平方單位代表湖，1,000 條標上記號的魚代表投射的點。不過現在我們想要評估的不是面積，而是位於湖中的總魚

數。整個湖中的魚數 N 未知。在野放標上記號之魚的數天後,回到平方單位的子區域 S(湖的一小部分),計算其中的點數(共有 200 尾標上記號的魚)以及總數(在這個子區域中共有 1,000 尾魚)。結論是,在標上記號之魚在湖中均等分佈的假設之下,子區域 S 中標上記號的魚佔整體比例 200 / 1,000,應近似於所有標上記號之魚佔總魚數的比例,1,000 / N。因此可得湖中總魚數為 5,000 尾的估計值。當然,若要此法有效,必須以平面上均等、獨立分配的點,合理模擬魚在湖中的分配。我們必須假設被標上記號的魚在水中分佈均勻,而且在這兩次捕捉的過程間,魚群沒有明顯改變。我們的估計是單一的數字,稱為點估計。一種更有用的估計稱為區間估計,或信賴區間,稍後將予以討論。

此問題的另一個研究方法則是探討機率 p(200,N),亦即在總魚數 N 尾的湖中抓出 1,000 尾魚,其中 1000 尾被標上記號的魚正好佔 200 尾的機率。自湖中 N 尾魚選擇 1,000 尾魚的方法,共有 $C_{N,1000}$ 種。現在看看實際抓到的魚,1,000 條被標上記號的魚中有 200 條被抓到的方法,共有 $C_{1000,200}$ 種,其他 800 條來自($N-1000$)尾無記號的魚的方法,共有 $C_{N-1000,800}$ 種。使用有限樣本空間中均等機率的概念,可得:

$$p(200,N) = \frac{C_{1000,200} \cdot C_{N\text{-}1000,800}}{C_{N,1000}}$$

〔如果我們把有記號的魚被抓住的所有可能數量,從 0 尾到 1,000 尾的機率都寫出來,將產生所謂的超幾何分配

（*hyper-geometric*）〕。此時，我們又可以求助於最大概似值的
原則。我們觀察到 p（200，N）是 N 的函數，而 N 的合理估計是
可以極大化 p（200，N）的數值。找出可使上述關係式右手邊極
大的 N 值並不難，此處予以省略。答案不變：使用 5,000 條魚作
為估計值。若要此模式成立，對於湖中魚的限制和之前的模式相
同。因為我們使用相同的推論，因此這兩個方法一致應該不令人
意外。在兩模式中，魚群混合均勻的假設均以均等分配的數學方
式呈現。

　　「捕捉記號魚的方法」，被用來統計魚群與動物族群的數
量。另一方面，美國的人口普查從來就不符合統計性──總是企
圖計算所有人口。但問題是，當母體如此複雜、龐大時，計算變
成了恐怖的工作。有些人質疑因為各種可能的因素，有許多人都
沒有被算在內。因為普查決定了各區域的政治力量多寡，所以此
種錯誤有嚴重的後果。是否有一種普查統計方法，較現行方法更
便宜、簡單且準確？基本上，只要隨機選擇許多不同種類（例如
城市、郊區與鄉村）的區域，接下來針對這些區域內的人口儘可
能進行精確的計算。由隨機樣本取得的資料就可以提供適當的估
計值。

　　統計估計的一個重要、普遍的問題如下：我們手上的隨機變
數 X，其機率分配未知。我們想要估計此分配的一些基本參數，
如 X 的期望值與變異數。首先讓我們看看如何估計 $EX = \mu$。標
準作法是自 X 的分配中隨機抽樣；也就是說，我們想要觀察 n 個
和 X 具有相同分配的獨立隨機變數 X_1、X_2、$\cdots$、X_n（如何取得隨

機樣本本身就是個大問題了，不過目前我們暫時不予討論。）。
接下來我們將以下的隨機變數

$$\overline{X} = \frac{X_1 + X_2 + \cdots + X_n}{n}$$

視爲樣本平均數。此隨機變數就是統計學家所謂的統計量
（*statistic*）之例，統計量也就是不受任何未知參數影響，只由觀
察值決定的函數——當我們加入觀察值，必定會產生一個數值。
因爲 $\overline{X}$ 就是觀察值的平均，所以當然成立。當我們想要估計參數
時就會使用統計量；在本例中，將使用 $\overline{X}$ 來估計未知值 μ。通常
被用來估計參數的統計量稱爲估計值（*estimator*）。

　　以下是和第 15.3 節相關的一個簡單例子。當時，我們思考拋
擲硬幣 100 次的情況，要在兩個假說間做決策：硬幣是否公平、
出現正面的機率 p 是否等於 3／4。現在讓我們將觀點改變成：我
們不再想檢定假說，而是要估計 p。觀察值爲拋擲硬幣 100 次的
結果，令 X_i 爲拋擲結果的指標變數，視第 i 次拋擲出現正面或反
面其值爲 1 或 0。注意 $\mu = EX_i = p$，且 $\overline{X}$ 就是 100 次拋擲中正面
出現的相對次數。若出現 63 次正面，就可以說 p 的點估計爲 0.63。

　　使用 $\overline{X}$ 作爲 μ 之估計值的理由，乃是源自於我們的老朋友，
大數法則。$\overline{X}$ 等於 $S_n／n$ 這一點應該很明確。自第 8.5 節回想 ES_n
／$n = \mu = EX_1$，其中 S_n 是 n 個獨立、分配相同的隨機變數之加
總。因此 $E\overline{X} = \mu$，且根據大數法則，只要觀察數夠多，樣本平

均數將趨近於 μ。事實上，若 X_i 的變異數為有限的 σ^2，那麼根據公式 8.16 可知 $\overline{X}$ 的變異數為 σ^2 / n，因此 $\overline{X}$ 趨近於未知的 μ。（這正是大數（弱性）法則的再次說明）。

　　由上可發現估計值 $\overline{X}$ 有一項特質，$E\overline{X} = \mu$，亦即估計值 $\overline{X}$ 的期望值為 μ，也就是我們想要估計的參數。一般說來，要求用來估計某分配之參數 λ 的統計量 T 具有 $ET = \lambda$ 的特質是合理的，也就是說，要求一個良好的估計值之期望值，剛好等於我們想要估計的數值，這一點是相當合理的。此種估計值稱為不偏（*unbiased*）。一個不偏的估計值，其分配的平均值剛好就是我們想要估計的參數。現在如果我們有一系列 λ 的不偏估計值 T_n，其中 T_n 的變異數趨近於 0，多完美啊！估計值在機率上趨近於 λ——這也正是 $\overline{X}$ 與 μ 的情況。當此情況發生時，我們可以說不偏估計值的序列是一致的。不偏估計值的一致序列，其序列中各估計值的期望值均等於欲估計之參數，同時當你深入序列時，估計值的分配趨近於未知參數的機率也接近 1。所以只要樣本夠多，估計值可以提供參數的良好近似值。

　　現在假設我們想要導出 X 之變異數 σ^2 的不偏估計值，假設 σ^2 為有限數字。如果我們知道 μ 之期望值，就可以利用以下的方式：變異數為 $E(X-\mu)^2$，如果我們令 $Y = (X-\mu)^2$，那麼問題就可以簡化成找出 EY 的不偏估計值。不過我們剛剛是利用 $\overline{Y}$ 解決問題。所以 σ^2 的不偏估計值為：

$$T = \frac{(X_1 - \mu)^2 + (X_2 - \mu)^2 + \cdots + (X_n - \mu)^2}{n} \qquad \circ$$

此外，各種可能的樣本大小 n 之 T，均可提供 σ^2 之估計值的一致序列。

但若我們不知道 μ 值爲何，但又想估計 σ^2 呢？我們無法使用 T，因爲這麼一來 T 值需視未知參數 μ 而定，因此不是統計量。既然 μ 未知，讓我們試著以 $\overline{X}$ 取代 T 中的 μ，可得：

$$T_1 = \frac{(X_1 - \overline{X})^2 + (X_2 - \overline{X})^2 + \cdots + (X_n - \overline{X})^2}{n} \qquad \circ$$

T_1 是不折不扣的估計值，因爲其值視觀察值而定，但 T_1 是否不偏？我們可以利用繁複的計算予以證明，不過此處省略；基本你只要把上述 T_1 關係式的右手邊不斷展開取其期望值，可得許多如 EX_i^2 與 $i \neq j$ 之 EX_iX_j 的項。第一個期望值爲 $\sigma^2 + \mu^2$，第二項則爲 μ^2（根據獨立性）。接下來你只要做許多加法運算，最後可得 $\sigma^2 \cdot (n-1) n / n$，因此 T_1 並非不偏。不過，導出變異數之不偏估計值的方法很簡單：使用 $s^2 = T_1 \cdot n / (n-1)$；也就是說，以 $(n-1)$ 取代 T_1 定義中的分母 n。估計值 s^2 稱爲樣本變異數（*sample variance*）。當 n 越來越大時，T_1 與 s^2 的差異便微不足道。

15.6　民調與信賴區間

在 1993 年 2 月 16 號的紐約時報，刊出了一份針對 1154 名成年人所作的民調，其結論顯示這些抽樣者中，有 56% 認為政府應刪減一些受益人為受訪者自己的方案，以改善預算赤字。在這篇文章的一旁是一個小附註，寫道「理論上，在 20 份根據此樣本作出的結論中，有 19 份和全美所有成年人的想法之上下誤差不超過 3%」。現在我們要做的，就是看看這種民調可以告訴我們什麼，還有這個小小的附註的意義為何。

假設樣本由 n 人組成，其中每個人都被問及僅需回答是或不是的問題。視第 i 個人的答案為是或不是，定義指示變數 X_i 為 1 或 0。那麼 $\overline{X}$ 便是 $EX_1 = p$ 的不偏估計值，其中 p 可以解釋為受訪者回答是的機率。p 值可以視為當我們集合所有選民時，投出贊成票的比例，因此基本上我們的問題是要從樣本導出 p 的合理估計值。針對上述問題，我們已經知道 0.56 為不偏之點估計。但點估計有個基本的問題：在無限的機率組合中，點出一個明確的數值。每當你抽樣時，幾乎都會得出不同的估計值，所以估計值等於實際 p 值的機率可說是零。我們想要介紹 p 之區間估計的概念。使用區間估計取代意圖精準猜中 p 值的點估計，此時我們相信在特定的信賴水準之下，此區間將包含真正的 p 值。利用公式 12.1，將分數的上下方同除以 n，可得：

$$W= \frac{\overline{X}-p}{\sqrt{\dfrac{p(1-p)}{n}}}$$

但卻不會改變分數的值，當 n 夠大其分配仍近似於標準常態。因此，

$$\mathrm{P}（-1.96<W<1.96）\approx 0.95 \qquad\qquad （15.2）$$

將上述關係式的右手邊代入公式 15.2，再運用一些代數技巧可得：

$$\mathrm{P}\left(\overline{X}-1.96\sqrt{\frac{p(1-p)}{n}}<p<\overline{X}+1.96\sqrt{\frac{p(1-p)}{n}}\right)\approx 0.95。$$

我們讓 p 變成了夾在兩個數值之間的夾心餅乾。注意兩邊的數值均視 p 而定，因此不屬於統計量。既然我們希望在觀察後可以讓 p 夾在兩個數字之間，所以必須做一些調整，以估計值 $\overline{X}$ 與 $1-\overline{X}$ 取代 p 與 $1-p$，可得：

$$\mathrm{P}\left(\overline{X}-1.96\sqrt{\frac{\overline{X}(1-\overline{X})}{n}}<p<\overline{X}+1.96\sqrt{\frac{\overline{X}(1-\overline{X})}{n}}\right)\approx 0.95。$$

此處我們假設這項代換並不會顯著改變事件的機率，若 n 夠大此假設便成立。現在 p 介於兩個統計量之間，而隨機區間

$$I_{\overline{X}}=\left(\overline{X}-1.96\sqrt{\frac{\overline{X}(1-\overline{X})}{n}},\overline{X}+1.96\sqrt{\frac{\overline{X}(1-\overline{X})}{n}}\right) \qquad （15.3）$$

　　包含 p 在內的機率約為 0.95。另一種說法是：當我們對來自隨機樣本的觀察值計算樣本平均值時，100 次中有 95 次的機會，p 落在 $I_{\overline{X}}$ 以內。

　　現在假設有 n 項觀察值，將 n 值與樣本平均數代入公式 15.3 可得數字 a 與 b，因此區間 $I=(a，b)$，稱為 p 的 95%信賴區間。因為一般人常會誤解，所以我們必須強調對區間 I 的要求。在此處所討論的古典理論中，未知參數 p 為數字而非隨機變數，因此 p 不是在 I 裡面就是在外面，討論 p 位於 I 以內的機率是無意義的（另一方面，貝氏定理學派則將 p 視為隨機變數——見第 15.7 節）。95%信賴區間是指產生 I 的程序。此程序產生的區間有 95%的機會包含 p。亦即你有 95%的信心 I 會包含 p。如果我們想要更有信心，如 98%，那麼我們必須利用標準常態表找出公式 15.2 的類似值，也就是：

$$P（-2.33<W<2.33）\approx 0.98$$

　　利用上述 95%的方式建立 98%的信賴區間。只要將公式 15.3 中的 1.96 換成 2.33 便可求出此區間。對於相同的 n 與樣本平均，98%的信賴區間大於 95%的信賴區間。這一點合乎預期；信心較大的代價就是找出 p 的能力較差（除非你有很多的觀察值，增加 n 的數量）。最極端的例子是 100%的信賴區間——也就是整條直線，對於 p 的位置未提供任何資訊。

　　現在讓我們回到 95%信賴區間的討論。以下數量

$$D = 1.96 \sqrt{\frac{\overline{X}\left(1 - \overline{X}\right)}{n}} \qquad\qquad (15.4)$$

　　利用和估計值 $\overline{X}$ 的差異定義區間。有沒有方法可以控制 D 的大小呢？一個簡單的微積分計算，便可以證明若 $0 \le x \le 1$，當 $x = 0.5$ 時 $x(1-x)$ 的乘積最大，為 0.25。因為 $\overline{X}$ 介於 0 與 1 之間，所以可將此結論運用至 $\overline{X}(1 - \overline{X})$，同時將公式 15.4 中的 1.96 改成 2，可得：

$$D \le 2(0.5)\sqrt{\frac{1}{n}} = \sqrt{\frac{1}{n}} \qquad\qquad 。 \qquad\qquad (15.5)$$

　　證明只要觀察值夠多，由 D 定義的信賴區間也可以非常小。假設如紐約時報上的文章，$n = 1154$，根據公式 15.5 可知與樣本平均數的差異最大為 $1/\sqrt{1154} \approx 0.03$。現在讓我們回到本節一開始的敘述，「…在 20 份根據此樣本所作出的結論中，有 19 份的上下誤差不超過 3%…」，指出 95% 的信賴區間，因為樣本大小為 1154，所以 D 的上限約等於 0.03。若使用此上限以及 0.56 的樣本平均數估計值，那麼信賴區間等於（0.53，0.59）。

　　觀察信賴區間與假說檢定之間的關連是相當有趣的。以上求出的信賴區間可以用來檢定 $H_0 : p = 0.56$，$H_1 : p \ne 0.56$ 兩假說。方法如下：若虛無假說成立，那麼 $\overline{X}$ 落在信賴區間以外的機率只有 0.05，所以任何在信賴區間以外的觀察值其 p 值均小於 0.05。

若 0.05 被視爲足以拒絕的最低水準，那麼就會拒絕 H_0。若希望更小的水準，那就需再找出信賴係數更大的信賴區間。

15.7　隨機抽樣

　　統計學者使用的數學方法要求隨機樣本必須取自欲研究的母體。由前幾節可知在我們的基本構想以下的兩大機率理論，分別是大數法則與中央極限定理，兩者均是關於獨立、分配相同的隨機變數。這意味著每一項觀察值都是和被研究之基本變數擁有相同分配的隨機變數，而且各觀察值互相獨立。所以，如第十二章所見，如果現在我打算研究美國成年男性的身高 X，若我只從住在西海岸地區的成年男性人口中挑選觀察值 Y，不太可能產生合理的估計值。說明整個母體的 X 之常態分配可能和說明次母體的 Y 之常態分配相當不同。所以我必須將所有的美國成年男性作爲母體；使用均等分配自母體中隨機選出的觀察值 X_i 則是抽樣結果。我們已在第十三章看到如何使用隨機數字表，自母體隨機抽樣。在當時描述的程序適用於相對較小、且同質的母體；但對於數量龐大、且更爲複雜的母體，則需要更複雜的技術。當母體包含所有美國成年男性時，就可以使用分層抽樣（ *stratified sampling* ）。在此程序之下，首先將整個美國分成數個區域，將人口大小類似的地區併入同一個區域。接下來自這些地區抽樣。一旦選定某地區，就再進行分層與隨機抽樣。舉例來說，在某個特定的區域中，我們可能想要自該區域的各個地理區域選擇受訪

者，或是根據各種不同的社會經濟背景選擇。一旦選出受訪者，另一個問題接踵而至——如何實際地收集資料。舉例來說，若忽略因各種理由不願回答的受訪者，研究可能會有嚴重的誤差，例如當資料收集員拜訪時受訪者並不在家。有數種統計工具可以減少諸如此類的誤差。隨機抽樣必須仔細地過濾、篩選可使資料符合統計理論的程序。

不良抽樣最著名的案例，就是 1936 年的學術文摘雜誌，當年文摘預測在總統大選中，藍登可以不費吹灰之力地打敗羅斯福。但結果羅斯福以壓倒性的勝利擊敗藍登。文摘從電話本和俱樂部名單中挑選樣本，因此樣本中大多數為富人。因為當時經濟蕭條，**窮人**多數投票支持羅斯福，樣本的誤差造成文摘的錯誤。在 1948 年，類似的不良抽樣又發生了，三大主要民調均預測總統大選中杜威將擊敗杜魯門。樣本再次以富人為主，同時還有其他的問題。因為這些錯誤的民調，許多人以為杜魯門毫無勝算。勝選的杜魯門留下一張著名的相片，他高舉著一份大標題預告著杜魯門挫敗的報紙開懷大笑。抽樣理論必須從許多失敗中學習經驗。

15.8　一些結論

本章舉出一些例子說明三大基本統計活動：假說檢定、點估計與區間估計。我盡可能地多舉出一些古典統計概念的精髓。其中涉及了許多響噹噹的名字——如 J. Neyman、E.S. Pearson 等先

趨者，以及使用筆名「Student」的統計學家 W.S. Gossett（因為 Guinness 啤酒公司並不想讓競爭對手知道使用統計推論可以製造更棒的產品，身為員工的 Gossett 只好使用筆名了）。在本章結束之前，我還要簡短介紹一些統計理論的其他重要方法。

　　本章主要是針對相對較大的樣本，尋求近似常態的分配，而大部分的古典理論主要也適用於常態或近似常態的分配。最近，無母數（無參數）統計學理論開始快速發展；適用於基本形式無須為常態的分配；不論分配為何，結果均成立，所以此法亦稱為不限分配或無母數。無母數理論的發展完善且相當有力。

　　另一個構想則興起於二次世界大戰期間。為了節省戰時的時間與物力，統計學家 *Abraham Wald* 改進了假說檢定的古典理論。在古典理論中，樣本大小 n 事先決定，接著取 n 項觀察值，根據此項資訊決定接受或拒絕 H_0。Wald 提出的連續分析（*sequential analysis*）法則無須事先決定樣本大小。實驗者取觀察值，在每次抽樣後，根據累積的觀察值做出是否接受或拒絕 H_0，或是繼續抽樣的決定。在此方法中，樣本大小 n 非固定的常數而是隨機變數。

　　我們可以利用賭徒傾家蕩產問題（第十章）的設計來模擬此情況。在每次賭局後，賭徒均面臨三種狀況：不是輸光光、賭局結束，就是對手輸光賭局結束，又或者是再起新局。使用連續分析的實驗者，在每次觀察後亦面臨三種情況：不是接受 H_0、就是拒絕 H_0，不然就是進行下一次的觀察。所以我們可以把實驗者想成是賭徒，賭局視為觀察值，而 H_0 的接受或拒絕則等於賭徒輸

光或是對手輸光,而繼續賭局就等於延後是否接受 H_0 的決策以進行更多觀察。使用賭徒傾家蕩產模式的方法與思考邏輯,可以讓統計學家計算重要的數量,例如所需觀察值的預期數量。連續分析法的重要性在於,在特定情況下,連續檢定較傳統檢定更符合成本效益:利用較少的觀察值就可以達成和傳統檢定相同的準確水準。

貝氏學派和傳統學派在統計的哲學觀點上相當不同。貝氏學派得名自貝氏定理(第四章)。你應該還記得貝氏定理可以解釋為,利用事件 A 的原始機率 P(A)和額外資訊 B,產生條件機率 P($A \mid B$)。對於統計問題的傳統、非貝氏解法,將硬幣出現正面的機率 p 視為統計學者未知的常數。另一方面,貝氏學派則將 p 視為某個事前分配已知的隨機變數〔對應至貝氏定理中的 P(A)〕。樣本中包含的資訊被用來取得所謂的 p 的事後分配(*posterior distribution*)。在貝氏定理中,事後分配基本上是由條件機率 P($A \mid B$)所決定的。接下來貝氏派統計學者再利用事後分配導出結論。對於許多問題,貝氏法較非貝氏法有更令人滿意的解法,但非貝氏派卻抨擊用來決定事前分配的主觀機率是無效的。其觀點是參數應為未知的常數,而非隨機變數,且實驗當時的所有資料應和所有的事前資訊一起建入問題的敘述中。最理想的理論應兼容兩觀點的要素。

這兩個學派之間原本可能存在著近乎宗教狂熱的偏執,所以當我們看到貝氏與非貝氏兩派的結論通常相輔相成而非大相逕庭,真是令人欣慰。這之間糾纏的強烈情感,真是難分難捨!

✐　練習

1. 考慮一百次成功機率為 p 的伯努力試驗。使用最大概似值的方法，描述對於 $H_0：p=1/3$，$H_1：p=2/3$ 的檢驗。

2. 假設二項式機率 p 只能是 N 個固定數值中的一個。根據最大概似值方法，描述一程序以決定那個數值可作為 p 的實際值。

3. 丟擲兩顆骰子 6,000 次，七點出現了 900 次。令 p 為任一試驗出現七點的機率，同時令 $H_0：p=1/6$，$H_1：p\neq1/6$。使用二項式分配的常態分配近似檢驗 H_0 與 H_1。（提示：標準常態分配中位於 1、2 與 3 個標準差之內的總面積百分比，分別約為 0.68、0.95 與 0.998。）

4. Groucho 正在角逐 Fredonia 之王的寶座。他的幕僚抽樣調查 1,000 名選民，發現有 460 人打算把票投給 Groucho。為打算投票給 Groucho 的選民所佔比例找出 95%的信賴區間。此結果是否激勵選情呢？若 1,000 人中有 480 人打算投票給 Groucho，情況又如何呢？

5. 在湖中撈起 800 條魚、做記號後放回湖中。之後再撈起 400 條魚，其中有 250 條魚有記號。估計湖中魚數。需要做哪些假設？

6. 擲兩顆骰子 6,000 次，其中出現 2、3、7、11 與 12 點的次數分別為 170、360、1,150、340 與 160 次。若擲這兩顆骰子一次，計算出現以下點數之機率的點估計（a）7 點，（b）7 或 11 點，（c）2、3 或 12 點，（d）2 或 12 點，（e）上述以外

📖 第 16 章

在馬可夫鍊上漫步：
依賴性

現在的時間與過去的時間，

這兩者也許會出現在未來的時間。

而未來的時間又包含了過去的時間。

T.S. Eliot, Burnt Norton

16.1　到阿法鎮野餐？

　　在阿法鎮，某一天是否為晴天或雨天，需視前一天是否為晴天或雨天而定。數年來累積的資料指出晴天與雨天的分佈情形，大約如下列機率表所示：

	明 天	
今 天	晴天	雨天
晴 天	0.6	0.4
雨 天	0.2	0.8

　　根據此表，已知今天爲晴天，明天亦爲晴天的條件機率爲 0.6；已知今天下雨，明天爲晴天的條件機率爲 0.2。假設今天星期五，我們想在星期天去野餐。已知今天好天氣，星期天亦爲晴天的機率爲何？

　　我們要利用第三章的條件機率概念解決此問題。不過我們想要從一個涉及隨機變數的不同觀點來檢視問題。假設對每個非負數的整數 n，隨機變數 X_n 之值爲 0 或 1。將 X_n 解釋爲自第 0 天後第 n 天的天氣狀況（0 代表晴天，1 代表雨天）。在本問題中，第 0 天就是野餐前的星期五。既然星期天是第 0 天後的第二天，若利用隨機變數 X 來表示，我們的目標就是計算 $P(X_2 = 0 \mid X_0 = 0)$。現在想想星期六到星期日的時間歷程；也就是變數 X_1 與 X_2 所有可能數值的列表。總共有四種可能性：$(0，0)$、$(0，1)$、$(1，0)$ 與 $(1，1)$，其中第一項爲 X_1 的值、第二項爲 X_2 的值。在以下的敘述中，我們將以 $\{X_1 = 0，X_2 = 0\}$ 來表示 $\{X_1 = 0$ 且 $X_2 = 0\}$，爲了方便，利用逗號取代「且」這個字。注意已知 $X_0 = 0$ 時，$(0,0)$ 的條件機率爲：

$$P(X_1 = 0，X_2 = 0 \mid X_0 = 0) = \qquad (16.1)$$

$$\text{P}\,(\,X_1=0\mid X_0=0\,)\,\text{P}\,(\,X_2=0\mid X_0=0\,,\,X_1=0\,)\qquad\text{。}$$

為了檢驗公式 16.1，利用交集（第三章）的條件機率之定義來表示以上公式的左手邊：

$$\frac{P\,(\,X_0=0,\,X_1=0,\,X_2=0\,)}{P\,(\,X_0=0\,)}\qquad(16.2)$$

利用相同的方式改寫右手邊可得：

$$\frac{P\,(\,X_0=0,\,X_1=0\,)}{P\,(\,X_0=0\,)}\times\frac{P\,(\,X_0=0,\,X_1=0,\,X_2=0\,)}{P\,(\,X_0=0,\,X_1=0\,)}$$

左右互相消除後可得公式 16.2，證明了公式 16.1 的左右兩邊相等。現在讓我們看看公式 16.1 右手邊的第二項，也就是：

$$\text{P}\,(\,X_2=0\mid X_0=0\,,\,X_1=0\,)\qquad\qquad(16.3)$$

利用文字來說明，也就是已知星期五與星期六均為晴天，星期日亦為晴天的條件機率。但根據問題的敘述，只有星期六的天氣會影響星期日的天氣；星期五的天氣如何不重要。另一種說明方式為：

$$\text{P}\,(\,X_2=0\mid X_0=0\,,\,X_1=0\,)=\text{P}\,(\,X_2=0\mid X_1=0\,)\quad(16.4)$$

既然今天天氣如何並不重要，那麼根據前表可知公式 16.4 的右手邊為 0.6：此表提供了已知今日天氣，明日天氣為晴天或雨天的條件機率。根據公式 16.4，可以將公式 16.1 簡化成：

$$P（X_1=0，X_2=0 \mid X_0=0）= \qquad （16.5）$$

$$P（X_1=0 \mid X_0=0）P（X_2=0 \mid X_1=0）$$

同樣地，若某路徑的 $X_1=1$，利用相同的推論可得：

$$P（X_1=1，X_2=0 \mid X_0=0）= \qquad （16.6）$$

$$P（X_1=1 \mid X_0=0）P（X_2=0 \mid X_1=1）$$

現在將公式 16.5 與 16.6 的左手邊相加；也就是已知 $X_0=0$ 時，所有互斥事件的條件機率，因此已知 $X_0=0$ 時，聯集的條件機率爲：

$$P（X_2=0 \mid X_0=0），$$

正是我們想要的答案，等於公式 16.5 與 16.6 右手邊的加總，可利用前表得出爲（0.6）（0.6）＋（0.4）（0.2）＝0.44。晴朗的野餐日出現的機率略低於一半。現在問題解決了，不過我們想再深入討論一下隨機變數 X_n 的結構。

由上述說明，可以很明確地知道任一 $n>0$ 的 X_n 值，均視 X_n 的前者，X_{n-1}，之數值而定。到目前爲止我們討論的多屬於獨立隨機變數。變數 X_n 並未獨立，因此我們稱其爲相依（*dependent*）。但 X_n 的相依程度不高；X_n 並非與過去整個過程相關，對於 $i \leq n-1$ 的所有 X_i 之值而言，X_n 僅和 X_{n-1} 相關。若任一隨機變數之條件機率視前一個變數之數值而定，則稱此種隨機變數 X_n 序列爲馬可夫鏈（*Markov chain*）或馬可夫過程（*Markov process*）。X_n 的數值，通常被視爲在十點 n，一移動分子的狀態。直覺上，

馬可夫鍊的演化描述了分子在單位時間區間的狀態。「鍊」這個字，主要用於狀態空間（所有狀態的集合）爲離散時。上述問題中的馬可夫鍊有另一個令人驚喜的特質：在時間上是同質的，意味著如下的機率：

$$P（X_n = 0 \mid X_{n-1} = 0）$$

並不受時間 n 的影響；僅僅視昨天的狀況（在本例中爲 0）與今天的狀況（在本例中爲 0）而定，兩者之間只有一天的差異。同樣的，如下的機率：

$$P（X_{n+k} = 0 \mid X_{n-1} = 0）$$

在同質的過程中並不受 n 值的影響，僅視未來時間與特定時間兩者間 $k + 1$ 的單位差異而定。本章中討論的所有馬可夫鍊均爲同質的，因此我們將預設此項美妙特質亦將成立。

我們可以將馬可夫鍊想成是在狀態空間內的數值；對我們而言，此空間是離散的，同時可以用一些整數的子集來表示。在上述問題中，狀態空間包含整數 0 與 1。自狀態 u 至狀態 v 的單一步驟機率轉換爲：

$$p_{u,v} = P（X_n = v \mid X_{n-1} = u）$$

同理不難證明若 $s_0, s_1, \cdots, s_n$ 是狀態序列，那麼

$$P（X_1 = s_1, \cdots, X_n = s_n \mid X_0 = s_0）= p_{s_0, s_1} \, p_{s_1, s_2} \cdots p_{s_{n-1}, s_n} \qquad 。$$

也就是起點爲 s_0，歷程如下的馬可夫鍊之條件機率

$$(s_0, s_1, \cdots, s_n)　　　　　。$$

　　因此馬可夫鏈可以想成是自時點 0 的狀態開始,也就是 X_0 的值,接著改變至另一個狀態,也就是 X_1 的值,以此方式不斷演化。

　　關於馬可夫鏈的一個重要問題是如何描述系統的長期行為。更精確的說法是,假設我們知道 X_0 的分配為何,也就是只要找出起時點 0 的狀態,就可以知道機率為何。一旦開始馬可夫鏈,就可以利用 X_1 的分配描述新位置;在 n 次移動後,再利用 X_n 描述新位置。我們想知道的是,當 n 非常大時,X_n 的分配有何變化;特別是,這些分配會不會趨近於某個固定的分配?若真是如此,那就產生了一個趨近於穩定或靜止分配的過程。我們可以證明在相當寬鬆的條件限制下,無論 X_0 的原始分配為何,均存在著一個靜止分配。另一個類似的問題是,檢查一固定的狀態 s,研究當 n 變的相當大時,機率 P $(X_n = s, X_0 = s)$ 的改變為何—此單一狀態是否也會趨近於靜止?在適當的條件限制下,答案是肯定的。我們稍後將回到這些問題,不過現在我們想先研究另一個問題,問題如下:已知 $X_0 = s$,馬可夫鏈 X 回歸至 s 的機率為何?我們將使用第十章中,和賭徒傾家蕩產之問題相關的一度空間隨機漫步解決此問題。

16.2　**一度空間隨機漫步**

　　思考以下的部分加總可以產生一個很重要的馬可夫鏈之例:

$$S_n = X_1 + X_2 + \cdots + X_n \qquad ,$$

其中 X 變數相互獨立且分配相同。S_n 屬於馬可夫鍊是無庸置疑的。現在假設 X 變數爲離散。你想要知道：

$$P\ (S_n = s_n \mid S_1 = s_1,\ S_2 = s_2,\ \cdots,\ S_{n-1} = s_{n-1})\ （16.7）$$

是否僅由 s_{n-1} 與 s_n 所決定；也就是說，該機率不受 $i \leqq n-2$ 之任何 s_i 值的影響。公式 16.7 等於：

$$P\ (X_n = s_n - s_{n-1} \mid S_1 = s_1,\ S_2 = s_2,\ \cdots,\ S_{n-1} = s_{n-1})\ （16.8）$$

這是因爲由定義可知 $S_n - S_{n-1} = X_n$。現在以 S_1 至 S_{n-1} 表示的已知資訊，完全由 X_1 至 X_{n-1} 之值決定；既然 X_n 與 X_1 至 X_{n-1} 完全無關，那麼公式 16.8 的條件事件無法提供關於 X_n 的任何新資訊。因此公式 16.8 的機率也就是 $P\ (X_n = s_n - s_{n-1})$，明顯地和 $i \leqq n-2$ 的狀態 s 無關，而 S_n 亦如宣稱地爲馬可夫鍊。

當 X 變數爲整數值時，馬可夫鍊 S_n 稱爲隨機漫步；因爲各狀態均爲直線上的整數，因此爲一度空間。若我們更精確地要求變數的值只可能爲 1 或 −1，且機率各爲 p 與 q，將會產生所謂的伯努力隨機漫步；這是我們在第 10.1 節中討論的隨機漫步。S_0 描述分子之原始狀態位置，亦即隨機漫步由此整數開始。接著分子移動至 $S_1 = S_0 + X_1$，意味著分子移動到隔壁的整數，因此 S_1 比 S_0 大或小一個單位。分子以此方式繼續移動，然後逐步地形成馬可夫鍊 S。當 n 增加時，在移動 n 步後，分子的最遠移動距離，由 S_n 的可能數值決定。馬可夫鍊的轉換機率即爲 $p_{u,u-1} = p$，

$p_{u,u-1}=q$，若 v 不等於 $u+1$ 與 $u-1$，則 $p_{u,v}=0$。

伯努力隨機漫步無任何限制：由任何狀態開始，最終都可以隨各人喜好離原始狀態越遠越好。透過對此隨機漫步施以小小的更改，就可以模擬賭徒傾家蕩產的問題。令 $S_0=i$ 的機率為 1；也就是賭徒最初的賭本。令 a 為賭徒和對手雙方的賭本加總，$a>i$。賭徒傾家蕩產鏈的轉換機率定義如下：若 $0<i<a$，那麼 $p_{u,u-1}=p$，$p_{u,u-1}=q$，如同伯努力隨機漫步。但令 $p_{0,0}=p_{a,a}=1$；這意味著一旦鏈（或分子）成為狀態 0 或狀態 a，就無法抽身，稱為終止狀態（*absorbing states*）──在賭徒傾家蕩產鏈中，0 與 a 為終止狀態，分別代表了賭徒或對手傾家蕩產的遊戲結束點。該鏈的狀態空間有限，為自 0 至 a 之間的整數。在第十章，我們對於賭徒傾家蕩產鏈 S_n 的長期行為已有相當認識。我們證明該鏈結束於 0 或 a 兩終止狀態的機率為 1，我們也計算出結束於兩點的機率各為何。可以利用賭徒傾家蕩產鏈 S_n 的方式，說明公式 10.6 與 10.8 的機率：

$$\text{P（對某個大於 0 的 } n\text{，} S_n=0 \mid S_0=i\text{）} \quad (16.9)$$

16.3 最終回歸原點的機率

為了替這個主題增加一點趣味性，我們現在想要研究關於伯努力隨機漫步之循環性的一些問題。假設起點為 $S_0=0$ 的機率為 1；也就是說，分子的運動受到起點為 0 的馬可夫鏈所左右，我們可以將 0 點視為原點（*home*）。0 點本身並無特殊之處，任何

其他的狀態都可以視爲 0 點。我們感興趣的是分子回歸 0 點的機率。所謂的伯努力隨機漫步，就是只要等待時間夠，這條路徑可以隨個人高興離起點多遠都行。有多少的路徑永遠都不會回到原點呢？我們將利用賭徒之傾家蕩產鏈做爲工具解決此問題。

考慮 $p=q=0.5$ 的伯努力隨機漫步。我們可以將此隨機漫步寫成：

P（對某個大於 0 的 n，$S_n=0 \mid S_0=0$）

$\qquad =0.5\,$P（對某個大於 1 的 n，$S_n=0 \mid S_1=-1$）

$\qquad +0.5\,$P（對某個大於 1 的 n，$S_n=0 \mid S_1=1$）

$$（16.10）$$

公式 16.10 表達了相當直覺的概念，不過光是藉由公式你可能無法理解。已知由 0 點開始移動（等式的左手邊），最終回歸 0 點的機率就是第一步移動至 −1，之後在某一時點由 −1 回到 0 點，或是第一步移動至 1，之後在某一時點由 1 回到 0 點。公式 16.10 的等式兩邊，可以利用條件機率公式與馬可夫鏈的特質來證明。（馬可夫鏈的特質隱含了已知時點 1 的位置，事件 ｛ 對某個大於 1 的 n，$S_n=0$ ｝視鏈在時點 1 以後的位置而定，與過去無關，我們需要這項事實來證明公式 16.10）。現在把重點放在：

P（對某個大於 1 的 n，$S_n=0 \mid S_1=1$）（16.11）

因爲時間的同質性，公式 16.11 等於：

P（對某個大於 0 的 n，$S_n=0 \mid S_0=1$）（16.12）

　　因此公式 16.12 提供了已知起點為 1，伯努力隨機漫步最終回歸 0 點的條件機率。我們想要要一些技巧找出此機率。考慮一個大於 1 的整數 a 以及 $p=q=0.5$ 的賭徒傾家蕩產鏈。此技巧的精髓在於理解一條起點為 1 的伯努力馬可夫鏈，在碰到 0 點或 a 點之前，和賭本總和為 a、起點為 1 的賭徒傾家蕩產鏈，有相同的轉換機率。因此這兩種鏈的機率有相當的關連。例如：

P（伯努力隨機漫步先走到 0 點而非 a 點 | $S_0=1$）

= P（賭徒的漫步結果是賭徒傾家蕩產（先走到 0 點而非 a 點）| $S_0=1$）

$$= 1 - \frac{1}{a} \qquad\qquad (16.13)$$

　　其中公式 16.13 的最右手邊可由 $i=1$ 的公式 10.8 導出。當 a 趨近於無窮大，也就是 a 越來越大，那麼公式 16.13 的左手邊將趨近於公式 16.12 的機率。不相信嗎？只要想想起點為 1、最終回歸 0 點的任何路徑，在回歸原點前一定會有個最極限的狀態。若 a 夠大，此路徑的極限狀態必小於 a，在計算公式 16.13 的左手邊時此路徑將列入考量。因此當 a 趨近於無窮大時，所有此類路徑最終都將歸入公式 16.13 的右手邊，而這些路徑也正是我們在計算公式 16.12 之機率時所必須考量的。另一方面，當 a 趨近於無窮大時，公式 16.13 的右手邊趨近於 1，所以我們證明了公式 16.11 或公式 16.12 的機率等於 1。因為 $p=q=0.5$ 的伯努力隨機漫步是對稱的，我們可以下結論，將公式 16.11 中的 $S_0=1$ 改

成 $S_0 = -1$ 也會產生 1 的數值，由公式 16.10 可知左手邊等於 1。和賭徒傾家蕩產鏈做比較，可以證明起點為 0 點、$p = q = 0.5$ 的伯努力隨機漫步，最終回歸 0 點的機率為 1。

　　現在看看讓我們看看是否可利用上述推理，研究 p 與 q 若為各種數值將有何變化。假設 $p \neq q$，現在的可能情況與上述不同了。此種伯努力隨機漫步將會產生：

P（對某個大於 0 的 n，$S_n = 0 \mid S_0 = 0$）

　　$= q$P（對某個大於 1 的 n，$S_n = 0 \mid S_1 = -1$）

　　$+ p$P（對某個大於 1 的 n，$S_n = 0 \mid S_1 = 1$）　（16.14）

　　類似於公式 16.10。再次地以公式 16.12 為主，利用和伯努力隨機漫步具有相同機率 p 與 q 的賭徒傾家蕩產漫步做比較以評估其值。此舉將導出公式 16.13 的前一項等式。既然 $p \neq q$，那麼公式的最右手邊變成了：

$$\frac{\dfrac{q}{p} - \left(\dfrac{q}{p}\right)^a}{1 - \left(\dfrac{q}{p}\right)^a} \qquad (16.15)$$

　　乃是來自於 $i = 1$ 的公式 10.6。同樣地，我們想看看當 a 趨近於無窮大時會有何不同。此時必須小心處理公式 16.15。若 $p > q$，那麼當 a 越來越大時，分數 $(q/p)^a$ 將趨近於 0，同時公式 16.15 將趨近於 q/p。使用之前的推論，公式 16.13 讓我們可以總結公

式 16.12 的值為 q/p。換句話說，若伯努力漫步偏向右方（亦即 $p > q$），那麼若起點為 1，絕對不會碰觸 0 點的機率為正的 $1 - q/p$。既然若 p 的值越大，遠離 0 點的可能性也越大，所以此結論在直覺上很合理。但若漫步偏向左方，亦即 $q > p$，情況又為何呢？當 a 趨近於無窮大時，分數 $(q/p)^a$ 也越來越大（同樣趨近於無窮大），此時公式 16.15 將無法估計。該怎麼辦呢？既然我們想回到之前當 a 趨近於無窮大，分母也越來越大，因此分數的 a 次方會趨近於 0 的完美情況，那麼我們必須依賴以下的工具：將賭徒與對手的角色互換。我們將計算對手傾家蕩產的機率。將賭徒與對手的角色互換，意味著我們必須改變觀點（如果我們原先把自己想成是賭徒，現在就要轉變身份成為對手了）。我們如何計算當賭徒的賭本為 $ 1 時，對手傾家蕩產的機率？我們現在回到公式 10.6。既然對手現在成了公式中的賭徒，為了利用公式，我們必須將公式中的 p 與 q 對調，以 $(a-1)$ 取代 i。如此一來將產生：

$$w = \frac{\left(\dfrac{p}{q}\right)^{a-1} - \left(\dfrac{p}{q}\right)^{a}}{1 - \left(\dfrac{p}{q}\right)^{a}} \qquad (16.16)$$

也就是當賭徒的賭本為 $ 1 時，對手傾家蕩產的機率，因此

$1-w$ 也就是當賭徒賭本為 $ 1 時，自己傾家蕩產的機率。使用一些簡單的代數（本書在這方面相當節制），公式 16.16 變成了：

$$1-w=\frac{1-\left(\dfrac{p}{q}\right)^{a-1}}{1-\left(\dfrac{p}{q}\right)^{a}}\qquad\text{。}\qquad（16.17）$$

　　我們想要的是當 a 趨近於無窮大、賭徒賭本為 $ 1 時，賭徒傾家蕩產的機率有限。當 a 越來越大時，公式 16.15 也會變的無窮大。公式 16.17 的美妙之處，在於我們可以清楚地知道當 a 越來越大時會產生什麼變化。既然 $p/q<1$，當 a 趨近於無窮大時，公式 16.17 右手邊之分數的分子與分母的第二項將趨近於 0，因此 $1-w$ 趨近於 1。

　　當 $p>q$ 時，可使用相同的推論證明公式 16.12 等於 1（也就是再次回到公式 16.13 與 16.12）。所以如果伯努力漫步偏向左邊，那麼起點為 1、最終回到 0 點的機率為 1；也就是說，從此遠離 0 點的機率為 0。為了完全解決此問題，我們必須評估公式 16.14。有兩種情況：$p>q$ 與 $q>p$。在 $p>q$ 的情況中，公式 16.14 右手邊的第二項為 $p(q/p)=q$。為了評估右手邊的第一項則必須利用對稱性，方法如下：從 -1 點開始的鍊，和從 1 點開始、向右移一步的轉換機率為 q，向左移一步的轉換機率為 p 的鍊，兩者回歸 0 點的機率相同。我們剛剛看到了此機率等於 1。因此

當 $p>q$，公式 16.14 的值估計為 $q+q=2q$。現在轉到 $q>p$ 的情況，利用對稱性公式 16.14 的第一項等於 q （p/q）$=p$，第二項等於 p，因此公式 16.14 的值估計為 $2p$。可以歸納上述結果做成以下說明：

> 令伯努力隨機漫步向右與向左移動一單位的機率分別為 p 與 q。那麼已知起點為 0，最終回歸 0 點的條件機率等於 $2m$，其中 m 為 p 與 q 中較小者。當 $p=q=0.5$ 時此機率為 1，若不等則從此遠離 0 點的機率為正的 $1-2m$。

　　在 $p=q=0.5$ 的情況中，通常可以相當確定分子最終將回歸 0 點。但事實是當 n 增加時，已知分子的起點為 0，在時點 n 回歸狀態 0 的機率 P （$S_n=0 \mid S_0=1$）趨近於 0。所以儘管可以確定分子在某個時點前必將回歸 0 點，但分子在任一固定時間內回歸原點的機率卻相當小。若我們思考以下情況，這一點應該不會太令人驚訝：起點為 0 的分子向四處擴散，最後一定能到達任何狀態，不論該狀態離 0 點多遠。所以只要 n 夠大，能夠到達的狀態數目也相當大，因此分子位於這些狀態之一的機率也相對變小。隨時間過去，分子在樣本空間內越來越稀薄。因此分子在任一固定時點回歸 0 點（或任何其他狀態）的機率趨近於 0。

16.4 關於翻本的賭徒

　　上節的結論對於賭博理論有相當有趣的影響。伯努力隨機漫

步可以模擬出一個包括了擁有無限資本的賭場、賭徒可以無限制地負債下去的永不結束之賭局的非現實情況。我們假設賭徒面對的一般賭局是：賭局不利於賭徒（$p < q$）。一開始的賭本是＄1，既使輸光光賭局還是繼續賭下去。假設賭徒現在開始輸錢了（伯努力漫步走到負數了）。賭徒能否翻本呢？

　　假設賭徒負債＄1；也就是說，馬可夫鍊 S_k 代表了賭徒在時點 k 的財富為 -1。若在 k 之後的某一時點 $S_n = 1$，就代表了賭徒翻本。因為馬可夫鏈的時間同質性，我們可以考量 $S_0 = -1$（賭徒在時點 0 負債＄1），而賭徒在某個大於 0 的時點 n 翻本，亦即 $S_n = 1$。馬可夫鏈只可能在某一時點由 -1 移至 0 點，之後再從 0 點移至 1。由上節知道起點為 1 時，賭徒在某一時點回歸 0 點的機率為 p / q。回歸原點後，再移到 1 的機率又是 p / q。第一次碰觸到 0 點後的情況和碰觸到 0 點前的情況無關。因此在負債＄1 的情況下，賭徒最終翻本的機率為 $(p/q)^2$。以相同的方式，我們可以證明在負債＄k 的情況下，最終翻本的機率為 $(p/q)^k$，顯示賭徒最終翻本的機率，隨著負債成指數性下降最終趨近於 0。由此可知負債越多，賭徒就越不可能翻本。

　　上述論點乃是針對不公平賭局中的賭徒。若賭局公平呢？考慮 $p = q = 0.5$ 的伯努力隨機漫步。此種漫步當然會回歸至任一起點（由上節可知）。已知該隨機漫步始於任一固定的狀態，我們想做出有用的觀察，亦即該漫步可確定達到任何特定的狀態。我們只要證明到達任一狀態的機率介於 0 至 1 之間即可（因為對稱性的緣故）。令 a 為任一固定的狀態。當然會有一條路徑是從 0

到 a 的（機率爲正）。由本章的練習 3 可知由 a 點開始的鏈，最後到達 0 點的機率必爲 1。利用對稱性，我們可以說自 0 點開始的鏈，到達狀態 $-a$ 的機率必爲 1。既然 $-a$ 可以是任何狀態，因此得證。

現在讓我們假設隨機漫步模式這次模擬的賭局爲公平遊戲。如同以往，我們假設賭徒最初的賭本爲 $1，若負債 $1 就退場。不過現在我們知道落到 -1 的漫步一定會回到 1，套用賭博的術語，也就意味著賭徒一定可以回本。現在讓我們自問一個有趣的問題：平均說來，賭徒需要花多少時間才能回本？我們首先要做一些計算，研究所有起於 -1、首次抵達 1 的路徑（-1、s_1、$\cdots$、1）。令 N 爲首次抵達 1 所花費的時間；也就是說，對於之前描述的此種路徑，N 爲該路徑中各項數目減 1。現在 N 成了隨機變數，我們可以取其期望值（對每一個正整數 k，計算 $N = k$ 的機率，乘上 k，再將所有可能的 k 相加）。我們可以證明（但此處略去）對於此處討論的賭局，N 的期望值無窮大。此處的意思是，利用期望值定義的加總不具收斂性；只要相加的項數越來越多，總和也越來越大。所以只要賭徒確定可以回本，不管花多久時間賭徒都會撐下去！此論點的實務結論是，賭徒必須有在回本前必須需要玩非常多局的心理準備，還有在回本前越輸越多的可能性也是存在的。所以既使賭局公平，若賭徒已經負債了，他必須有相當的耐心與毅力，等待回本前漫長的賭局。

以上的討論更加確定了以下令人驚訝的事實：假設賭徒正在玩伯努力類的公平遊戲，若玩得賭局夠多，一路贏到底或輸到底

的機率遠大於在不輸不贏之間遊走的機率。例如，賭徒在98％的時間內均為贏或均為輸的機率為 0.2。我們可以把這想像成從一邊跨越 0 點至另一邊的馬可夫鍊，那是一件多難的事啊。這和之前討論的不謀而和：輸錢中的賭徒別奢望可以迅速翻本，在真正翻本前可能已經深陷泥沼、難以翻身了。相反地，如果賭徒運勢正好，那就非常可能一路長紅到底。所以如果遊戲公平、且賭徒一開始就運氣不錯，總算有個好消息可以報給賭徒聽了。當然，真正的賭徒通常都是參加不公平遊戲。所以如上所見，由馬可夫鍊 S_n 的一邊跨越 0 點至另一邊的機率也越來越低，賭徒大部分的時間均待在負債一方的機率也更大。

16.5　家族姓氏的消失

在本節，我們將研究馬可夫鍊的一個重要課題，名為分枝過程（branching processes）。家族姓氏消失的問題，可以生動地描述此種過程。假設一名父親有 U 個兒子，其中 U 為數值可能為 0、1…，且符合某種機率分配的隨機變數。而兒子們本身的兒子數目又和 U 具有相同機率分配。令父親等於第 0 代，第 n 代為第（$n-1$）代的後一代。又令 X_n 為第 n 代的規模大小（例如，第二代的規模大小就是第 0 代的孫子數目）。若 X_n 為 0，那麼只要 $m>n$，$X_m=0$。若 $X_n=i>0$，那麼：

$$X_{n+1}=U_1+U_2+\cdots+U_i \qquad 。$$

　　第（$n+1$）代的規模大小僅由第 n 代的大小所決定，因此 X_n 屬於馬可夫鏈；其狀態空間為非負的整數，如同賭徒傾家蕩產的問題，0 為終止狀態。

　　我們感興趣的是事件 { 對某個大於 0 的 n，$X_n = 0$ }；也就是說，香火的傳遞最終中斷、家族姓氏不復存在的事件。為了排除不重要的情況，假設 P（$U=0$）介於 0 與 1 之間。我們可以證明只要 $EU \leq 1$，家族姓氏就一定會消失。但若 $EU > 1$，那麼該姓氏就絕對會延續下去。

　　分枝過程模式適用於許多情況。在物理學界，被用來研究當分子遭到撞擊時，如何產生其他的分子。物理學家可能想知道分子數量增加的速度。遺傳學者將此模式運用於基因上，每一代中發現此種基因存在的後裔數目，便是過程的狀態。基因可能因為其他因素而突變或在後裔中消失。使用該理論可以估計基因在長期存活的機率。

16.6　**等待計程車的人數**

　　另一類重要的馬可夫鏈則是來自於等待過程（*queueing processes*），研究在各種情況中等待服務的問題。等待服務的個人可以是銀行裡的客戶、等待執行的電腦程式、等待看診的病人等等；這些人一律稱為客戶（*customer*）。想要得到服務的客戶不是立即得到服務，就是排隊等待服務。我們對此類問題的主要目的在於：當漫長時間流逝後，我們可否估計平均的等待時間？

我們也可能想要知道某客戶的預期等待時間。還可以根據進一步的說明，設定許多不同的等待模式，例如提供客戶抵達時間的分配、服務提供者的數目以及服務提供者服務期間的分配。現在讓我們利用一個非常簡單的例子來說明。

　　假設有一個計程車招呼站，計程車在固定的時間內停靠，若無人等待就馬上開走；否則就會搭載排在第一位的人並駛離（排在第一位的人泛指排在最前面、可同時坐進計程車內的所有人）。在計程車停靠的固定時間之間抵達招呼站的人自動排隊；我們假設在這段時間排隊的人為符合某固定分配之隨機變數 U。令 X_n 為在第 n 段時間，也就是在第（$n-1$）班計程車駛離、第 n 班計程車抵達之間等待的人數。那麼 X_n 屬於馬可夫鍊。為了理解這一點，假設已知 $X_{n-1}=a$；那麼若 $a \geq 1$，$X_n=U+a-1$，若 $a=0$ 那麼 $X_n=U$。所以如果我們知道 X_{n-1} 的值，就可以利用 U 的分配計算出 X_n 的分配。該過程過去的歷史，亦即（$n-1$）期以前的 X 值，對於 X_n 值的解出毫無助益。因此 X 過程為狀態空間為整數 0、1、2…的馬可夫鍊。當 n 夠大時的等待人數，也就是 n 夠大時的 X_n，和 EU 絕對相關，也就是招呼站在特定期間內預期新增的等待人數。既然每一輛計程車只能載一個人，那麼若 $EU>1$，那麼隨著時間過去，等待的人數會不斷增加到無限大，這一點相當明確。但若 $EU<1$，那麼隨著時間過去，等待人數趨近於靜止狀態的這一點就不是那麼明確了。這代表了在狀態空間中存在著分配 v，可使每個非負的整數 a 滿足下列：

$$\lim_{n \to \infty} P(X_n = a) = v(a)$$

此種靜態或永恆分配視 U 的分配而定。相較於上述兩情況，若 $EU=1$ 產生的鍊既不會無窮地增加、也不會趨近於固定分配；而是在狀態空間中不斷漫遊，成為每種狀態的機率均為 1。這是相當不穩定的等待過程。如果我們等的夠久，等待隊伍的長度最終將成為任一非負的整數，同時該鍊落在任一固定狀態 a 的機率將隨時間增加趨近於 0。此種行為和 $p=q=0.5$ 的伯努力隨機漫步有異曲同工之妙。

16.7 靜態分配

在上一節，我們提到了在馬可夫鏈上有時存在著靜態或穩定狀態的分配 v。此種分配有項特質便是，若鏈由此分配開始，那麼即使移動一次，該鏈仍為相同分配。更準確的說法是，假設對於樣本空間中所有的狀態 a_i，該鏈的原始機率可使 P（$X_0=a_1$）$=v$（a_i）。若所有的狀態 a_i 均符合下列，v 即為靜態分配。

v（a_1）P（$X_2=a_i \mid X_0=a_1$）$+ v$（a_2）P（$X_1=a_i \mid X_0=a_2$）$+ \cdots$

$$= P（X_1=a_i）= v（a_i）$$

（16.18）。

你可以把上述想成：若分子最初位於狀態 a 的靜態機率為 v（a），移動一次後分子位於 a 的機率仍為 v（a）。同理可證，

若分子最初位於狀態 a 的靜態機率爲 $v(a)$，在有限次數的移動後，可合理假設分子位於 a 的機率仍爲 $v(a)$。我們可以 X_{n-1} 與 X_n 取代 X_1 與 X_0，觀察公式 16.18 是否成立證明這一點。

不是所有的馬可夫鏈都是靜態分配（正如同隨機漫步一般－見本章的練習）。馬可夫鏈上存有靜態分配是對該鏈一樣相當重要的特質，因爲我們可以輕鬆地証明許多其他的特質。我們該如何做才能知道某個鏈是否符合此種分配？方法之一就是假設靜態分配存在，然後利用公式 16.18 予以證明。以第 16.1 節中的鏈爲例，樣本空間由整數 0 與 1 構成，附表亦提供了移動一次後的情況。如果我們令

$$p_{i,j} = P(X_1 = j \mid X_0 = i) \quad ,$$

並且假設靜態 v 存在，那麼公式 16.18 將等於以下兩等式：

$$v(0) = v(0) \times 0.6 + v(1) \times 0.2$$
$$\text{且 } v(1) = v(0) \times 0.4 + v(1) \times 0.8 \text{。}$$

此外，我們還知道 v 爲機率，因爲 $v(0) + v(1) = 1$。這三個等式均產生同一個答案，$v(0) = 1/3$，$v(1) = 2/3$。

16.8　應用至遺傳學

我們現在要想像隨機配對的模式。假設人口中共有三種基因型，分別爲 AA、Aa 與 aa，出現機率爲 $u:2v:w$。自人口中隨

機選出兩個人進行配對。每個人分別從基因型中貢獻一個基因，形成下一代的基因型，也就是我們所謂的第一代。現在的問題就是基因型在第一代的機率分配。

我們可以想像一個裝了許多 A 與 a 的盒子，自盒子中隨機取出兩個形成基因型。可以下列方式計算 A 對 a 的比例：假設各種基因型出現的次數剛好是 u、$2v$ 與 w。如果把每一組基因型都拆開來，可以得到 $2u+2v$ 個 A，$2w+2v$ 個 a。因此 A 對 a 的比例為 $u+v:w+v$，現在將 $u:2v:w$ 的比例標準化成 $u+2v+w=1$，就可以令 $p=u+v$ 為 A 在基因型中出現的機率，而 $q=w+v$ 則為 a 出現的機率，其中 $p+q=1$。在隨機配對的情況下，各基因獨立地結合：當男性與女性均貢獻 A 基因時，產生 AA 的基因型；發生的機率為 p^2。當男性貢獻 A、女性貢獻 a，或相反情況時，則產生 Aa 的基因型；發生機率為 $2pq$。當雙方均貢獻 a 時，產生 aa 的基因型；發生的機率為 q^2。因此 AA、Aa 與 aa 在第一代出現的比例分別為 $p^2:2pq:q^2$。現在看看第二代的情況為何。重複上述作法，由基因型的比例，決定 A 對 a 的比例，可得 $p_2=p^2+pq$ 為 A 在第二代中出現的機率，而 $q_2=q^2+pq$ 則為 a 在第二代出現的機率。所以對第二代而言：

$$\mathrm{P}\,(AA)=(p^2+pq)^2=p^2，且$$

$$\mathrm{P}\,(aa)=(q^2+pq)^2=(q\,(q+p))^2=q^2。$$

　　這不正是第一代中 AA 與 aa 出現的機率嗎？無須計算，我們便可以知道 Aa 出現的機率也和第一代相同。因此證明了基因在第一代與第二代出現的機率相同，顯然以後每一代的機率也一樣。事實上，這正是一條符合靜止分配的馬可夫鍊。視第 n 代的基因為 AA、Aa 或 aa，令 $X_n = 0$、1 或 2。第 0 代，也就是 X_0 的原始分配，由 $u:2v:w$ 所決定。因為基因在第 n 代出現的分配，決定了基因在第 $n+1$ 代出現的分配，滿足馬可夫特質，因此遠古時代的分配是不相關的（在第 n 代以前的分配）。但我們的計算同時顯示在隨機配對下，若 $n \geq 1$，那麼 X_n 的分配為靜止的。此論點一般俗稱為 *Hardy-Weinberg* 法則。此種穩定性證明了基因分配隨著時間益趨穩定。實務上，基因出現的頻率受到隨機的波動影響，因此實際的分配和理論的靜態分配略有差異。事實上，若母體的大小有限，你可以證明最終某個基因會消失，只剩下 AA 或 aa 中的一個。但這也是根據簡化模式產生的理論結果；在現實生活中，突變和其他生物因素使得情況更為複雜。

✍ 練習

1. 一位著名的億萬富翁總是在輪盤遊戲押注於紅色數字，每局押 \$1000。假設他玩了前五局遊戲後共輸了 \$5,000。又假設他可以無限制地負債不斷地賭下去，估計他翻本的機率。

2. 考慮一個向右、向左移一步的機率分別為 p 與 q 的隨機漫步。

（a）已知 $X_0=0$，計算 $X_4=0$ 的機率。（b）已知 $X_0=0$，證明若 n 為奇數，$X_n=0$ 的機率為 0。

3. 考慮任何狀態空間為整數的馬可夫鏈。假設已知該鏈起點為 0，最終回歸 0 點的機率為 1。令 a 為自 0 點可到達的狀態，也就是在時點 n，$P(X_n=a \mid X_0=0)>0$。提出你的直覺想法，證明若起點為 a，該鏈最終到達 0 點的機率為 1。將你的直覺轉換成數學敘述，讓你的想法更具說服力。

4. 隨機漫步是否可能具有靜態分配？（提示：如果此種分配 v 存在，那麼必有一狀態 a 使 $v(a)$ 為最大值，也就是對任何其他的狀態 b，$v(b) \leq v(a)$。這對 a 的前後狀態有何影響？）

5. 一馬可夫鏈的定義如下：狀態空間為非負的整數，0、1、2 等等。該鏈的單步驟移動，若以文字敘述，即為自任何整數開始的分子，向右邊整數移動一單位的機率為 0.5，直接跳至 0 點的機率為 0.5。以下關係式為移動一次的機率：

$$p_{i,j} = \begin{cases} P(X_{n+1}=j \mid X_n=i)=0.5 & \text{若 } j=0 \text{ 或 } j=i+1 \\ 0 & \text{其他情況} \end{cases}$$

此鏈符合靜態分配 v 嗎？如果是的話，找出來吧！

📖 **第 17 章**

布朗運動及其他連續時間的過程

　　他們對於「確定性」做了一個有趣的解釋：在解說他們所有的路徑都是「確定的」之後，他們不再把引領至天堂而沒有任何達不到之危險的路徑敘述為「確定的」，而是把那一條可以引領我們上天堂而不會有任何偏離之危險的路徑敘述為「確定的」。

Blaise Pascal, Pensées

17.1　連續時間的過程

　　如前所示，隨機變數之序列可用來描述過程如何隨時間演化。舉例來說，賭徒在時點 n，也就是在第 n 場賭局結束後的累積獲利，可由隨機變數 $S_n = X_1 + X_2 + \cdots + X_n$ 表示，其中 X 是獨立隨機變數，代表賭徒在每場賭局中的獲利。為求方便，我們可以把此種隨機變數序列的下標 n，想成是第 n 個時點，而隨機變數 S_n 就是該時點的評估值。因此序列便代表了過程在時點 1、2、⋯

的演化圖。

　　然而對於許多物理過程而言，我們感興趣的自然參數通常是連續而非離散的時間。以隨機變數 X_t 來表示在時點 t，對 $0 \leq t$ 的區間上所有 t 的評估。若我們逐步觀察該過程的演化，可以發現一條位於 $t-x$ 平面的固定曲線，其中 x 是在 t 時觀察到的值（見圖 17.1）。此種曲線稱爲過程的樣本路徑（*sample path*）或實現（*realization*）。我們已在第九章末簡短討論此種過程，當時稱爲卜瓦松過程。當時間屬離散時，樣本路徑就是樣本序列，因此代表重複賭局累積獲利之過程的典型樣本路徑，就是某一晚這些獲利的序列。在本書，我們不斷提及離散時間中的此種路徑，不過到了第十六章討論隨機漫步時才首次使用路徑（*path*）一詞。在連續時間中，典型的路徑爲曲線，代表樣本路徑的所有可能曲線的集合，提供了過程隨時間演化的所有可能觀察值。

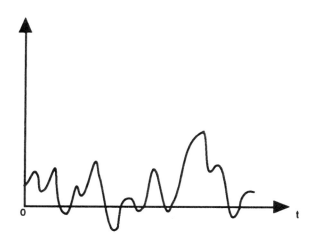

圖 17.1　　推測過程之樣本路徑圖

　　在第九章，X_t是評估在時點 t 以前，通過咖啡館之汽車總數量的卜瓦松過程，時點 0 是固定的起時。此種卜瓦松過程的典型樣本路徑外觀如何？假設當我們在咖啡館開始享用卡布奇諾時，視線以內並無任何車輛的行蹤，因此曲線由 0 開始，直到第一輛車在時點 t_1 通過。此時曲線上升至第一級，接下來維持於此水準，直到 t_2 時第二輛汽車經過，此時曲線跳升至第二級，然後再重複此過程。每當一輛汽車經過時，曲線便跳升一級，在下一輛汽車經過前均維持於此水準。由此方式產生的曲線圖稱為階梯圖（圖 17.2）。對於任一個無汽車經過的時點 s，X_s的值就是曲線在點 s 上與 t 軸的距離，也就是在時點 s 以前經過咖啡館的汽車總數。若 s 剛好等於汽車經過的時點，X_s 值為何就讓人有點傷腦筋了，應該是曲線增加前的數字還是之後呢？這不是個很棘手

的問題：只要將方程式統一定義爲某一值即可。通常是採用較大
的值，我們將此種樣本路徑稱爲右方連續方程式（*right-continuous
function*）。

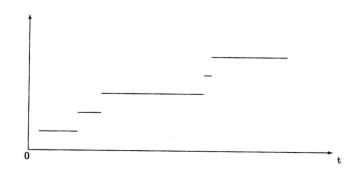

圖 17.2　　卜瓦松過程的典型樣本路徑之例

對於連續時間內的一般過程，我們希望能夠找出以該過程之
隨機變數定義的事件機率。以卜瓦松過程爲例，定義事件爲觀察
六個小時內至少有 35 輛汽車經過咖啡館。也就是下列樣本路徑
的敘述：我們研究所有高度超過 35 的樣本路徑，紀錄首次達到
此高度的時間。若少於 6 小時（或 360 分鐘、或任何用以衡量時
間的單位），那麼此路徑便歸於我們感興趣的事件，接下來就只
要計算路徑空間內，所有可能樣本路徑的機率集合即可。指定了
樣本路徑的敘述後，就可以利用機率集合計算其機率。對於卜瓦
松過程，可以利用第九章中討論的假設（a）、（b）與（c）建

構機率集合。至於其他的過程，尚需要作許多假設才能決定適當的機率集合。若沒有此種機率集合，技術上來講就沒有定義良好的過程，因此不能做出任何有意義的機率推論。

17.2　卜瓦松過程的一些計算

對於上述的卜瓦松過程，滿足各種條件的樣本路徑之機率集合，可以利用第九章的方法來計算。舉例來說，在上述問題中我們想找出在前六個小時的觀察時間內，至少有 35 輛汽車通過咖啡館的路徑組合之機率。令 X_t 為零點至 t 時觀察到的汽車數量。我們可以合理假設零點時沒有任何汽車經過，因此 $X_0 = 0$ 的機率為 1。假設密度如第九章，$\lambda = 5$。根據公式 9.2，在六小時內至多有 34 輛汽車經過咖啡館的機率【亦即 P（$X_6 \leq 34$）】，可利用此時間內分別有零輛汽車、一輛汽車、兩輛汽車、…、34 輛汽車經過的機率相加導出，也就是：

$$e^{-30}\frac{(30)^0}{0!} + e^{-30}\frac{(30)^1}{1!} + \cdots + e^{-30}\frac{(30)^{34}}{34!} = u \quad 。$$

此時間內至少有 35 輛汽車經過的機率就是 $1-u$，這就是代表在觀察時間內至少有 35 輛汽車經過之事件的路徑的評估方法。那麼代表著在前六個觀察時間內至少有 35 輛汽車經過，在接下來的六小時觀察時間內，也至少有 35 輛汽車經過之事件的路徑，其評估方法為何呢？假設相同的卜瓦松過程可完整描述這

12 個小時內的交通流量,我們可以使用卜瓦松過程的兩大基本特質計算機率:在不重疊區間上過程的增加為獨立的,以及區間內卜瓦松事件的分配的相關性僅視區間長度而非區間終點而定。以 X_t 過程來表示,

$$P(X_6 > 35 \text{ 且 } X_{12} - X_6 > 35) = P(X_6 > 35) P(X_{12} - X_6 > 35)$$
$$= P(X_6 > 35)^2 = (1-u)^2 \text{ 。}$$

17.3　**布朗運動過程**

羅伯特‧布朗是一位英國的植物學家,他在 1827 年發現在液體中懸浮的小分子呈隨機移動。此種移動稱為布朗運動(*Brownian motion*),主要是因為分子必須承受來自液體分子的大量碰撞。愛因斯坦(和其他人)著手研究物理理論以解釋布朗運動。當時的物理學界對於數學的使用相當輕率,因此數學家也加入,試圖為此過程訂出合理的數學模式。諾伯特‧衛納首先提出嚴謹的描述,為了紀念他,布朗過程通常也稱為衛納過程(*Wiener process*)。

現在讓我們看看理想中的布朗分子為何。我們僅需研究單一向量而非三度空間;也就是說,即使分子的位置是在 *x-y-z* 三度空間中移動,我們也只研究它在 *x* 軸上的改變如何。因為三度空間中的移動彼此不相關且分配均相同,因此研究分子在 *x* 軸上的運動就足以完整說明分子運動的機率。現在假設指定了某個起點

$t=0$，令 X_t 代表布朗分子在 x 軸上的位置。以下是衛納過程的基本假設，有時亦稱為標準布朗運動：

a.對任何 $t_1 < t_2 < \cdots < t_n$、$n \geq 3$ 的時點而言，隨機變數

$$X_{t1} - X_{t2} , \cdots , X_{tn} - X_{tn-1}$$

是各自獨立的（通常稱為獨立增額（independent increment）假設；卜瓦松過程亦具有此特質。）

b.對任一小於 t 的 s，隨機變數 $X_t - X_s$ 符合期望值為 0、變異數為 K $(t-s)$ 且 K 為某個大於 0 的固定常數之常態分配。（換句說法，你可以將差異或增額，視作平均數為 0、變異數和時間差異成比例的常態分配。）

通常將分子視為在時點 0 自原點開始運動。

c.$X_0 = 0$ 的機率為 1。

使用這些條件，就可以在路徑空間上建立機率集合，稱為衛納評估（Wiener measure），使得衛納路徑得以成為連續（亦即區線上和 s 點相當接近的 t 點們，也都彼此相當接近）但卻又極度曲折的曲線。在數學上，這意味著路徑並非滑順的曲線──代表分子在曲線上移動之速度的切線並不存在。我們可以想像這條曲線，是一個彎彎曲曲、不斷改變方向的曲線。當我們仔細思考一個不斷遭到隨機碰撞的分子之布朗運動時，這一點或許就不足為奇了。為布朗路徑繪出一條合適的景象真是不可能；實際的路徑根本就不可能是滑順的。

從十八、十九世紀的數學角度來看，典型布朗路徑完全沒有

切線的這一點是相當有趣的。當時大部分的數學家都堅信所有的連續曲線必定有清晰可見的切線，無數人企圖證明這一點。最後，在十九世紀中，一名德國數學家，Karl Weierstrass 提出了完全無切線的連續曲線之例。這個例子因為其不尋常、不可預期的本質，嚇壞了當代的許多學者而被視為妄想。但從布朗路徑（當時，當然還沒有這個概念）的角度來看，事實情況正好相反：典型的布朗路徑沒有切線，從頭到尾都有切線的曲線反而才是異端，機率為 0。

17.4 **布朗運動的一些計算**

我們可以使用布朗運動過程的假設，計算各種事件的衛納評估，如同上節中使用卜瓦松過程的假設計算機率一般。我們先以較簡單的例子作說明。令 X_t 為布朗運動在 t 時的位置。我們可能想要知道對於 $X_4 > 2$ 的路徑集合，其衛納評估為何。根據我們的假設，$X_4 = X_4 - X_0$ 為常態分配，期望值為 0，變異數為 $4K$，K 等於上述（b）中布朗運動的常數。因此我們可以使用第十二章的方法輕而易舉的解出答案：找出平均數與變異數已知的常態隨機變數大於某特定值的機率。現在讓我們計算下列的條件機率。假設我們想要知道：

$$P\ (X_4 > 2 \mid X_1 = 3)$$

也就是，已知布朗運動在時點 $t = 1$ 時位於 3 的水準，那麼在

$t=4$ 時超過 2 的機率。根據布朗移動的獨立增額假設「上述特質（a）」，此機率等於：

$$\text{P}\ (X_4-X_1>-1\ |\ X_1-X_0)=\text{P}\ (X_4-X_1>-1) \quad 。$$

最後，根據特質（b），隨機變數 $U=X_4-X_1$ 為平均數為 0、變異數為 $3K$ 的常態分配，利用第十二章的方法又可以輕鬆解出答案。由上我們可以察覺到布朗運動的一個有趣特質。若 s 是某固定時點，a 是任一可使 $X_s=a$ 的數值，那麼 $t\geqq s$ 的 $U_t=X_t-a$ 便是類似於 $t\geqq 0$ 的 X_t 的布朗運動。【另一種說法是，如果我們將布朗運動 X_t 的 t-x 軸重新標示，使得點 (s,a) 成為新系統 $t'-x'$ 的原點，那麼 $U_{t'}$ 便是和 X_t 擁有相同參數的布朗運動。】$t>s$ 的 U_t 過程和 $t\leqq s$ 的 X_t 過程無關，在直覺上相當合理且屬實。這是根據布朗運動的獨立增額假設而來。假設我們想要知道 $\text{P}\ (U_t>c\ |\ X_s=a，X_w=b)$，其中 $w<s，t>s$。根據獨立增額假設，此機率等於：

$$\text{P}\ (X_t-X_s>c\ |\ X_s=a，X_w=b)=$$

$$\text{P}\ (X_t-X_s>c\ |\ X_s-X_w=a-b，X_w-X_0=b)=\text{P}\ (X_t-X_s>c)，$$

因此右手方僅由 X_s 而非 X_w 的位置決定。基本上這證明了布朗運動過程為馬可夫過程（未來只被最近的過去所決定），我們接下來會繼續說明。

更複雜事件的衛納評估，通常需要使用微積分的方法。舉例來說，假設我們想要計算如 $X_1>0$ 且 $X_2<0$ 的所有路徑的衛納評

估。諸如此類的典型路徑將會有某些數字 a 與 b，使得 $X_1 = a > 0$ 且 $X_2 = b < 0$。如果我們有辦法可以爲每個路徑找出極微小的機率，那麼就可以把 a 與 b 所有可能的機率相加產生總機率。既然衛納評估可定義此種極小機率，而微積分的概念又可協助我們處理計算的問題，所以利用微積分就可以解出答案。

　　連續時間內的事件遠比離散時間內的事件難以敘述。單單就在 0 與 1 之間的所有時點 t 都必須在水準 0 以上的布朗運動而言，也就是 $X_t > 0$、$0 \leq t \leq 1$。此事件由單位區間內的所有時點決定，因此爲時間數值的連續。此種視時間連續而定的事件，具有離散情況下不存在的複雜性，不過還是有解決的辦法。因爲我們常常會碰到此種問題，所以這一點真是令人欣慰。本節最後，我們提供此種涉及時間連續之事件的計算方法，但我們僅可能地予以簡化以便求出答案。我們想知道事件 $E =$ 布朗分子在 0 至 1 的時間區間內，在一條漸增的路徑上移動。這意味著曲線 X_t 在單位區間內不斷上升。我們將證明此事件的機率爲 0，也就是說，對應至此事件的樣本路徑之衛納評估等於 0，因此典型的布朗分子一定會在此區間內下降。道理非常簡單。令 N 爲任一固定的正整數，將單位區間除以 N 產生許多子區間 $0 < t_1 < t_2 < \cdots < t_N < 1$。接下來若 E 爲真，那麼必須滿足下列情況：

$$X_{t1} > 0 \text{，} X_{t2} - X_{t1} > 0 \text{，} \cdots \text{，} X_{tN} - X_{tN-1} > 0 \qquad \text{。}$$

　　但這些事件是互相獨立的，因此所有事件同時發生的機率就是個別機率的乘積。現在以 $X_{t2} - X_{t1}$ 爲例，這是平均數爲 0 的常

態隨機變數，因此

$$P（X_{t2}-X_{t1}>0）=0.5$$

同樣的，在「＞」符號左方的所有其他的隨機變數都是平均數為 0 的常態分配，因此機率均為 0.5。因此上述 N 項不等式同時發生之事件的機率為（0.5）^{N}。根據機率法則，$P（E）≦（0.5）^N$。【若 F 是對應至上述各不等式的餘事件，那麼 $E⊂F$，因此 $P（E）≦P（F）$】但我們對數字 N 的選擇是憑個人主觀決定，所以不論 N 多大，小於或等於 0.5 的 N 次方之 $P（E）$，都必定等於 0。這證明了在單位區間內不斷上升的布朗路徑機率為 0。現在，此處使用的單位區間已無任何特殊之處，對於任何區間，我們都可以使用上述選擇 N 的方法。所以我們現在已經了解了布朗分子無法在任何區間內不斷上升，典型的布朗途徑是非常不固定的，總是在改變方向。這一點和布朗路徑無切線的特質（前述）不謀而合。但若此路徑在某段區間不斷上升，那麼就可以在該區間內的路徑上的任一點，找到切線。

17.5　**布朗運動是隨機漫步的極限**

布朗運動的過程，和第十六章討論的隨機漫步過程，兩者的相似程度可能令你訝異。在隨機漫步的情況中，時間是不連續的，例如分子跳躍的距離，但在兩種情況中，分子均由 0 點開始隨機移動，而分子在如 n 或 t 的任何時點之位置則為 S_n 或 X_t。我

們現在要提出一個直覺式的方法，讓你明瞭如何將布朗運動視爲隨機漫步之限制來解決問題。我們的說明主要依據 Kac 在*隨機漫步與布朗運動理論*一書中的想法。

回想 $p=q=0.5$ 的隨機漫步（通常稱爲對稱性隨機漫步）。在本例中，分子在單位時間內向右移動一單位與向左移動一單位的機率各爲 0.5，且兩者相互獨立。現在基本情況相同，但把移動距離與時間這兩個單位想像成非常小。令時間單位爲 τ，假設在每一單位的時間內，分子均向左或向右移動 Δ 距離，機率各爲 0.5。將隨機變數 U_{ir} 定義爲在第 i 步後的移動距離，

$$U_{ir}=\Delta \text{ 或} -\Delta \text{，機率各為 } 0.5$$

移動距離 U_{ir} 的序列爲獨立的。假設分子自 0 點開始，那麼在 t 時的位置即爲：

$$X_{mr}=U_r+U_{2r}+\cdots+U_{mr} \qquad , \qquad (17.1)$$

其中 m 爲商數 t/τ 的整數部分。公式 17.1 是獨立、分配相同的隨機變數之和，基本上只是前幾章的一個老朋友的新寫法：

$$S_n=X_1+X_2+\cdots+X_n \qquad \circ$$

變數 U 滿足：

$$EU=0.5 \ (\Delta)+0.5 \ (-\Delta)=0,$$

而 $\sigma^2 \ (U)=0.5 \ (\Delta^2)+0.5 \ (\Delta^2)=\Delta^2 \circ$

根據第 8.8.2 節，可知公式 17.1 中的 X_{mr} 之變異數就是隨

變數 U 的變異數總和，亦即 $\Delta^2 m$。

　　到目前為止，我們假設 τ 與 Δ 為相當小的常數，但現在讓 τ 與 Δ 趨近於 0，因此兩次移動間的時間區間和移動大小均趨近於 0。此外，既然時間 t 是固定的數值，移動次數 m 必定會增加。為了讓上述的努力產生成果，我們必須用特別的方式令 τ 與 Δ 趨近於 0：

$$\frac{\Delta^2}{\tau} \rightarrow 常數\ K，且\ mr \rightarrow t \qquad\qquad (17.2)$$

　　其中箭頭代表著趨近於，也就是當 τ 與 Δ 趨近於 0 時，關係式的左方會越來越接近右方的數值。若公式 17.2 成立，那麼公式 17.1 中的總和變異數可以寫成：

$$\Delta^2 m = \frac{\Delta^2}{\tau} \cdot \tau\, m \rightarrow Kt \qquad\qquad 。$$

　　中央極限定理（見第十二章）證明當公式 17.1 的右手方除以標準差 $\Delta\sqrt{m}$ 時，將產生類似標準常態分配的分配。既然 $\Delta^2 m$ 趨近於 Kt，代表著公式的右手方趨近於平均數為 0、變異數為 Kt 的常態分配。公式 17.1 的左手方趨近於隨機變數 X_t。因此 X_t 過程變成了布朗運動。

　　我們現在要檢查適才建構的 X_t 過程是否滿足布朗運動的假設（a）、（b）與（c），以理解上述結論。我們看到了 $X_t = X_t - 0 = X_t - X_0$ 的分配符合假設（b），是期望值為 0、變異數為

Kt 的常態分配。但此過程無須自零時從 0 點開始移動,可以在任一時點 s 從 0 點開始移動。因此我們可以用 $X_t - X_s$ 的差異代替公式 17.1 中 U 的加總,使用完全相同的方法,但現在 $t - s$ 扮演之前 t 的角色。定義中的假設(a),乃是來自於將隨機變數 X_t 解釋為獨立 U 變數之總和的論點。我們可以說:假設三個時間點 r、s 與 t 的順序為 $r < s < t$。隨機變數 $X_s - X_r$ 可以寫作是公式 17.1 中的 U 總和,隨機變數 $X_t - X_s$ 可以寫作是 U 的總和。但前一個 U 與第二個 U 無關,因為自 r 到 s、自 s 到 t 的時間區間未重疊。因此,$X_s - X_r$ 與 $X_t - X_s$ 相互獨立。相同的推論可以適用於任何數目有限的時間 t_1、t_2、……、t_n,因此符合假設(a)。既然我們從 P($X_0 = 0$)=1 開始,過程 X_t 便是布朗移動。

上述推論證明了布朗運動過程如何被視為移動單位與單位時間均趨近於 0 的隨機漫步之極限。但我們不得任意趨近以產生布朗運動。我們必須遵守公式 17.2 的條件,才能使公式 17.1 中的變異數總和趨近於有限的正數 Kt。若缺少公式 17.2,就不能保證 $\Delta^2 m$ 為有限數字,也就不能使用中央極限定理。

從 $\dfrac{\Delta^2}{\tau} \to K$ 的關係式中,我們可以理解為什麼布朗路徑沒有切線,或是在這些路徑上移動的方子並沒有固定的移動速度。Δ 與 τ 均趨近於 0,但 Δ^2 卻近似於 K 乘上 t。這隱含了對於相當小的 Δ 與 τ,Δ 仍然遠大於 τ,因此 Δ / τ 傾向於無窮大。但 Δ 代表著布朗分子在時間 τ 的移動距離,因此 Δ / τ 的比例就是距離除以時間,也就是分子移動的速度。既然速度無限大,布朗路徑也就沒有切線了。

　　既然布朗運動是隨機漫步的極限，而這些隨機漫步屬於馬可夫鏈，我們可以預期馬可夫鏈的特質亦會傳承至布朗運動上。自第十六章回想，馬可夫鏈的基本特質，便是目前（及未來）和古早過去的獨立性；也就是說，目前或未來的事件對過去事件的條件機率，僅由前一期的事件所決定。對於布朗運動，可說是：

$$P（X_{tn}位於 I 以內 \mid X_{t1}＝u_1，X_{t2}＝u_2，\cdots，X_{tn-1}＝u_{n-1}）$$

　　僅由 u_{n-1} 決定，其中 I 是任一固定區間，$t_1＜t_2＜\cdots＜t_n$。想知道為什麼嗎？注意此機率等於：

$$P（X_{tn}－X_{tn-1}位於 I-u_{n-1} 以內 \mid X_{t1}＝u_1，X_{t2}＝u_2，\cdots，X_{tn-1}＝u_{n-1}），$$
$$（17.3）$$

　　其中 $I-u_{n-1}$ 就是自 I 中的所有 x，取出形式為 $x-u_{n-1}$ 的數字組合所得的區間。但根據布朗運動定義中的特質（a），$X_{tn}－X_{tn-1}$ 和 $X_{t1}－X_0＝0$ 與 $X_{t2}－X_{t1}$ 相互獨立，也與 $X_{t1}＋X_{t2}－X_{t1}＝X_{t2}$ 的加總獨立。所以，$X_{tn}－X_{tn-1}$ 和 X_{t1} 與 X_{t2} 均獨立。繼續此過程，我們可以證明 $X_{tn}－X_{tn-1}$ 和 X_{t1}、X_{t2}、$\cdots$、X_{tn-1} 均獨立。這代表公式 17.3 的機率等於：

$$P（X_{tn}－X_{tn-1}位於 I-u_{n-1} 以內）　　　，$$

　　僅由 u_{n-1} 所決定，也就是分子在前一刻的位置。這證明了布朗運動具有馬可夫特質。

　　卜瓦松過程也是馬可夫過程（令 $X_0＝0$ 的機率為 1）；上述證明布朗運動的推理，必須配合卜瓦松過程的獨立增額之分配僅

由時間差異數量決定的事實，才能成立。獨立增額過程是隨機漫步的連續時間版本，承襲了隨機漫步的許多優良特質，例如馬可夫特質。

✍ 練習

以下練習題中的過程 X 為標準的布朗運動過程。

1. 找出以下事件的機率：

$$X_{10} > 0 , X_{21} < X_{10} , X_{25} > X_{21}$$ 。

2. 假設布朗運動條件（b）中的 $K=1$。以常態分配隨機變數的形式表達下列機率（寫出平均數與變異數）：

$$P (X_{0.75} > X_{0.40} + 1 , X_{0.25} < -2)$$ 。

3. 有一區間 I，有沒有可能有許多的布朗路徑在此區間內均固定？試著計算布朗路徑在 I 區間內不變動的機率。

4. 假設 $K=1$（見練習 2），以常態分配隨機變數的形式表達下列機率：

$$P (0 < X_8 < 1 \mid X_4 = 2 , -10 < X_2 < 10)$$ 。

5. 令 a 為任一固定水準。試證明只要 $t=T$ 夠大，那麼 $P (X_T < a) \approx 0.5$。（提示：以標準常態變數的形式表達事件）

6. 令某個大於 0 的 a 為任一固定水準。我們感興趣的事件為：對

任何大於等於 0 的 t，布朗分子 $X(t)$ 均介於 0 與 a 之間，亦即 $0 \leq X_t < a$。利用上題，證明此事件的機率為 0。

（提示：對於所有的時間 T，

$$P（當 t \leq T 時 0 \leq X_t < a）\leq P（0 \leq X_T < a），$$

T 和練習 5 中一樣大。）

練習解答

第一章

1. （a）可以（D，C1，C2）的形式表示樣本空間，其中D代表擲骰子的結果，C1與C2則代表硬幣的正面或反面。共有24種可能的出象。（b）1／8，1／4，1／2。

2. 假設汽車位於一號門之後，山羊位於二、三與四號門之後。如果改變選擇，那麼一開始必須選擇二、三或四號門之一才有可能贏得汽車。假設一開始選擇二號門。注意不管主持人的行動為何，你只有兩種可能結果，不是贏得汽車，就是抱隻山羊回家。因此，1／4的一半，也就是1／8，就等於最初選擇二號門後贏得汽車的機率。既然所有的門都適用相同的理論，因此答案為 3／8。如果你不改變選擇，那麼贏得汽車唯一的可能是最初選擇一號門，因此答案為1／4。

3. 問題的敘述隱含了我們必須思考所有可能的時間，因此鬧鐘在早上六點至七點的區間內響起的時刻為連續集。樣本空間為連續的。

4. 鬧鐘響起的時刻共有 13 種可能。因此樣本空間可以利用6：00、6：05、6：10‧‧至 7：00 等 13 個出象表示。因為樣本空間的出象數量有限，因此為離散的。

5. 若鬧鐘在 6：20、6：25、6：30、6：35 或 6：40 這五個時間
   之一響起，就有可能會擾亂我的清夢。因此機率為 5／13。

第二章

1. 既然電梯裡每個人都是一月生的，那麼共需考量 31 個日期。
   馬克知道自己的生日，所以我們需要研究其他七個人。第一個
   人的生日有 30 種可能（必須和馬克的不同），第二個人有 29
   種可能，因此所有人生日均不同的機率為：

$$v = \frac{(30)(29)\cdots(24)}{(31)^7}$$

   至少兩個人生日相同的機率為 $1-v$。

2. 720 種。

3. 如果第一個位子安排一位男士坐下，共有三種選擇。第二個位
   子必須為女士，同樣也是三種選擇。再接下來的位子必須為男
   士，因此有兩種選擇，他的隔壁必須是女士，因此有兩種選擇。
   剩下來的兩個位子就是給最後的一男一女，因此只有一種選
   擇。因此若第一個位子安排男士共有 36 種方法。若第一個位
   子安排女士也會有 36 種方法。所以總共有 72 種方法。

4. 本方法在研究正面與反面出現序列時相當有用（見第七章中關
   於二項式分配的討論）。假設 H 被標為 H1、H2、H3、H4，
   而 T 也被標為 T1、T2、T3。這七個符號的排列組合共有 7‧

6…＝5040 種。

5. 既然現在可選擇的數字變少了，出現也隨之變少，所以你選擇的數字出現的機率就變大了。出象共有：

$$\frac{40 \times 39 \times 38 \times 37 \times 36 \times 35}{720} = 3,838,380$$

因此機率為 1／3,838,380。

第三章

1. （a）第一顆骰子為奇數、第二顆骰子為偶數之機率為 1／4。
   （b）第一顆骰子為奇數、第二顆骰子為偶數，或是第一顆骰子為偶數、第二顆骰子為奇數的機率為 1／2。
   （c）第一顆骰子為偶數的機率為 1／2。
   （d）第一顆骰子為偶數、第二顆骰子為奇數的機率為 1／4。

2. 1／8，1／9，1／8。

3. 11／16，11／15，1／11。

4. 3／11，5／22，1／2，1／2。

5. 此關係式的左手方可以寫成：

$$P(A)=\frac{P(A \cap B)}{P(A)}=\frac{P(A \cap B \cap C)}{P(A \cap B)}$$

上下對消後可得關係式的右手方。

第四章

1. 題目提供的資訊讓我們知道籃中的九種可能組成方式屬於均等分配（因為分為第一次取球與第二次取球，所以使用排列組合的樣本空間）。若沒有進一步的資訊，籃中包含一顆綠球與一顆紅球的機率為 2／9（先取出紅球、再取出綠球；先取出綠球、再取出紅球）。不過一旦我們先取出一顆綠球並予以記錄後，籃子必定包含一顆綠球。令另一顆球為紅、黑、綠色三者之一的機率均等，因此可以排列組合 $\{G，G\}$、$\{G，R\}$ 與 $\{G，B\}$ 來表示，機率均為 1／3。取出第二球為紅色的機率就是 $\{G，R\}$ 這個組合，機率為 1／3 乘以第二球取出紅球的條件機率，1／2。因此第二球為紅球的機率為 1／6，同理可證第二球為黑球的機率亦為 1／6。利用餘事件的定理，我們可以知道第二球為綠球的機率為 2／3＝1－1／3。從字面上來解釋：在這三種可能的組成方式中都可以選出綠球。在綠球搭配其他顏色的球的情況中，各自貢獻了 1／6 給總機率。在選出兩顆綠球的情況中，第二球為綠球的機率為 1，因此 $\{G，G\}$ 貢獻了 1／3 給總機率，可得 2／3＝1／6＋1／6＋1／3。

2. P $(A \cap B)$＝1／6，P (B)＝1／2，因此 (A) 的答案為 1／3。至於（b），

$$P(B\,|\,A) = \frac{P\langle A|B\rangle \times P(B)}{P\langle A|B\rangle P(B) + P\langle A|B^C\rangle P(B^C)}$$

可知分子為 1／6，分母為 11／36，答案為 6／11。

3. 使用貝氏公式，分子為（0.10）（0.8）＝0.08，分母為 0.08＋（0.60）（0.2）＝0.20，因此我認為明天下雨的機率應為 0.4。

4. 使用貝氏公式，分子為（0.40）（0.5）＝0.20，分母為 0.20＋（0.10）（0.5）＝0.25，因此機率為 0.8。

5. 在貝氏公式中（第二題），令 B＝贏得汽車、A＝改變選擇。公式的分子為（2／3）×（1／2）（改變選擇的機率為 1／2），分母為（2／3）×（1／2）＋（1／3）×（1／2）＝1／2。所以答案為 2／3。

第五章

1. 可以下列四組合說明樣本空間：

    （H，H）、（H，T）、（T，H）、（T，T）

    其中第一項與第二項分別代表第一枚硬幣（公正）與第二枚硬幣（動過手腳）出現正面或反面。這些出象的機率分別為 1／6、1／3、1／6 與 1／3。至少出現一次正面的機率為 2／3，至少出現一次反面的機率為 5／6。

2. （a）$(0.999)^{100}$

    （b）0.

    （c）$1 - (0.999)^{1,000,000}$

3. 可重複獨立試驗的模式是否適用於此實際生活的問題呢？如

果你同意,那麼只要找出在首次成功前的預期等待時間。第 7.4
節將說明在可重複的伯努力試驗中,出現首次成功以前的預期
等待時間為成功機率(p)的倒數。對於第二章中討論的樂透
獎,大約需要買 25,827,165 次。如果你每天買一次,可能需要
等上 70,759 年!

4. 如果不改變選擇,贏得山羊的機率為 2/3,若改變選擇則機
   率為 1/3,所以根據獨立性,根據題中策略贏得兩隻山羊的
   機率為 2/9;贏得兩部汽車的機率亦為 2/9。

5. (a)當 Ringo 接近路口時的燈號可以表示為(C1,C2,C3),
   其中 C1、C2、與 C3 分別是第一個、第二個與第三個燈號。
   一般說來,樣本空間應包含八種出象,C1、C2、與 C3 各有兩
   種可能的燈號。但根據題意僅有四種機率大於 0 的出象:

   (G,G,G)、(G,R,R)、(R,G,R)、(R,R,G)

   機率分別為 1/4。

   (b)1/2,1/2,1/2;1/4,1/4,1/4;0。若這三個事
   件互相獨立,那麼 $F \cap S \cap T$ 的機率應為 1/8 而非 0。

第六章

1. 使用 0.51 作為輸掉一場喜巴拉遊戲的機率估計值,假設賭局
   之間互相獨立,可知至少贏一場賭局的機率為 $1-(0.51)^4$。

2. 已知目前的比數,假設賭局繼續下去對家有三種方式贏得賭

局：對家得到下一分；我得到下一分、對家得到下下一分；我得到接下來的兩分、對家得到下下下一分。因此對家贏錢的機率為（1／3）＋（2／3）×（1／3）＋（2／3）×（2／3）×（1／3）＝19／27。根據 Pascal 原則，對家應得到（19／27）×＄100≈＄70.37，你可以得到＄29.63。

3. 35：1；1：7。

4. 只有在最初取出黑球的情況下才能以黑球結束遊戲，此種事件的機率為 1/5。第二個事件意味著最初取出黑球，之後兩次都取出紅球。根據獨立性可知機率為：

$$1／5×（4／5）^2＝16／125＝0.128。$$

5. 我們只考慮安娜贏球後開始的賭局。我們的目標事件是在連續 i 場賭局中，之前均為非七點的紅色數字，最後出現紅色七點，其中 $i＝0，1，2，\cdots$。我們必須將這些 i 不同的可能出象的機率相加，產生了無窮序列：

$$1／38＋（17／38）（1／38）＋（17／38）^2（1／38）＋\cdots ＝1／21。$$

6. 不是。我們可以六個排列組合（a，b，c）表示樣本空間，其中 a 是卡的標號，b 是觀察到的顏色，c 是看不到的顏色。使用均等分配，觀察到紅點的機率為 0.5，而已知此觀察值，此卡為兩邊都是紅點之卡的機率為 2／3。紅－黑卡的賠率為 2：1。

第七章

1. 使用二項式分配模式,擲出七點為成功、其他點數則為失敗。
    因此成功機率為 $1/6$,共有 100 次試驗,因此:

    $$P (X=5) = C_{100.5} (1/6)^5 (5/6)^{95}$$

    且 $P (X<98) = 1 - P (X=98) + P (X=99) + P (X=100)$

    $= 1 - 4950 (1/6)^{98} (5/6)^2 - 100 (1/6)^{99} (5/6) - (1/6)^{100}$。

2. 押注數字至少出現一次的機率為 $1 - (5/6)^3 = Q$。因此押注
    數字出現 1、2、3 次的條件機率分別為:

    $$(3 \times (1/6) (5/6)^2) / Q, \quad (3 \times (1/6)^2 (5/6)) / Q,$$
    $$(1/6)^3 / Q,$$

    分別約為 0.824、0.164 與 0.012(注意這些數字的總和必為 1)。
    將條件機率分別乘上 1、2、3 後相加,可得期望值為 $\$1.19$。

3. 遊戲的預期報酬為

    $$2 (2^{-1}) + 2^2 \times (2^{-2}) + \cdots + 2^N \times (2^{-N}) = N。$$

    若屬於公平遊戲,預期報酬應等於入場費,因此為 $\$N$。

4. 使用伯努力試驗,令擲出七點為成功、其他點數則為失敗。成
    功機率為 $1/6$,因此在成功出現以前的預期試驗次數為成功機
    率的倒數,6 次。在遊戲中,如果擲骰子三次至少出現一次七
    點就可以贏錢,此機率為 $1 - (5/6)^3$。預期損失為
    $-3 \times (5/6)^3$。若 P 為贏錢時的報酬,為了讓遊戲公平,

$P(1-(5/6)^3)-3\times(5/6)^3=0$。$P$ 大約等於 $4.14。

5. 我們利用直接的計算方法導出答案,不過在第八章的練習 4 會
   提供無須計算的小技巧。樣本空間內的出象是自牌中隨意抽出
   兩張的所有可能組合。樣本空間可以是依序抽出或是一起抽
   出,不過答案均相同。既然排列對本問題並不重要,我們就當
   它是非排列組合。因此樣本空間包含了 $C_{52,2}$ 個出象。剛好抽
   出一張黑色牌的機率為 $C_{26,1}\times C_{26,1}$,其中第一項是自 26 張黑牌
   抽出一張的可能方法,第二項是從 26 張紅牌抽出一張的可能
   方法。抽出兩張黑牌的方法共有 $C_{26,2}$。因此黑牌被抽中的預期
   次數為:

$$1\times\frac{(C_{26,1})^2}{C_{52,2}}+2\times\frac{C_{26,2}}{C_{52,2}},$$

將數字代入答案為 1。為了計算抽中紅心牌的預期次數,剛好
抽中一張紅心的方法有 $C_{13,1}$ 種,非紅心的方法有 $C_{39,1}$,抽中
兩張紅心的方法有 $C_{13,2}$。因此抽中紅心的預期次數為:

$$1\times\frac{C_{13,1}\times C_{39,1}}{C_{52,2}}+2\times\frac{C_{13,2}}{C_{52,2}}$$

答案為 1／2。

6. 若將取出的球投返,那麼每次取球均互相獨立(假設每次投返
   後會將球混何均勻。)我們可以使用二項式分配,針對這三次

試驗，將取出紅球定義為成功事件，機率為 0.6。因此取出紅球的預期次數為：

$$1 \times (3)(0.6)(0.4)^2 + 2 \times (3)(0.6)(0.4)^2 + 3 \times (0.6)^3$$

答案為 1.8【在 8.2 節我們將說明二項式變數的期望值永遠等於試驗次數乘上成功機率－此處即為 $3 \times (0.6) = 1.8$】。現在假設取球後不投返。因此取出 1、2、3 顆紅球的機率變成了：

$$\frac{C_{6,1} \times C_{4,2}}{C_{10,3}} , \frac{C_{6,2} \times C_{4,1}}{C_{10,3}} , \frac{C_{6,3}}{C_{10,3}}$$

這些是來自超幾何分配（*hypergeometric distribution*）之機率例子。你可以將可能的紅球數乘上各自對應的機率算出期望值。答案為 1.8，和投返情況的期望值相同。這只是巧合嗎？當然不是！我們可以證明下列有趣的事實：若籃中有 r 顆紅球與 b 顆黑球，自籃中取球 s 次，s 不得大於 $r + b$。不論投返或不投返，在 s 次取球中取出紅球的期望次數必定相同。證明過程涉及了計算超幾何分配的期望值，這和投返情況中算出的數字相等。

第八章

1. 此問題最巧妙的解法便是令第一個選出的數字為 X、骰子擲出的數字為 Y，利用公式 $E(X+Y) = EX + EY$。此處 $EX = 2/3$，

EY 就是 1 到 6 的整數和除以 6，亦即 3.5，因此 $E(X+Y) \approx 0.67$ + 3.50 = 4.17。另一個方法是將 $X+Y$ 看坐視隨機變數 U，我們將導出其分配。若第一個選上的整數為 0，那麼 U 的值可能是 1 到 6，機率為 $(1/3)(1/6) = 1/18$。若第一個選上的整數為 1，那麼 U 的值可能是 2 到 7，機率為 $(2/3)(1/6)$ = 2/18。可以下列方式表示 U 的分配：2、3、4、5 與 6 的發生機率為 3/18；1 的發生機率為 1/18；7 的機率為 2/18。將各個數值乘上其對應的機率後再相加，就可以得到 20/6 + 1/18 + 14/18 ≈ 4.17。

2. 令 X、Y 與 Z 視第一次、第二次與第三次拋擲出正面或反面而為 1 或 0。那麼 $EX=1/2$，$EY=2/3$，$EZ=3/4$。因此出現正面的預期總務數為 $1/2+2/3+3/4 \approx 1.92$。

3. 將擲出七點視為成功事件，否則為失敗。我們可以使用二項式分配模式，成功機率為 1/6。令 T_1 為第一次成功出現以前的等待時間，T_2 為第一次成功以後到第二次成功出現以前的時間。在第十次成功出現以前的預期等待時間為

$$T_1 + T_2 + \cdots + T_{10}$$

的期望值。變數 T 為首次成功出現的等待時間，分配均相同，因為在每次成功出現後，又重新開始等待成功出現的過程，亦即現在與過去互相獨立，所以上述成立。既然每項 T 的期望值均為成功機率的倒數，那麼每個 T 的期望值均為 6，所以第十次成功出現以前的預期拋擲次數為 60 次。

4. 利用提示：如果你抽出兩張牌，那麼黑色牌的張數加上紅色牌的張數等於 2，因此 $B+R=2$。利用對稱性，B 與 R 具有相同的分配：共有 26 張黑牌、26 紅牌。因此，B 與 R 必定擁有相同的期望值。使用 $EB+ER=E(B+R)=E2$ 的關係式，可得：$EB+ER=2$，或 $2EB=2$，因此 $EB=ER=1$。

利用類似的方法計算抽出紅心的期望張數。令 H、D、C 與 S 分別代表紅心、方塊、梅花與黑桃出現的張數。$H+D+C+S=2$ 必定成立。如前所述，對稱性（各組花色的張數相同）隱含了各變數擁有相同的分配，因此期望值亦相同。所以 $EH+ED+EC+ES=2$，或者 $4EH=2$，由此可知 $EH=ED=EC=ES=1/2$。

5. (a)使用輪盤遊戲中，多次賭局中黑色數字出現的相對次數；(b)在擲兩顆骰子多次的遊戲中，擲出蛇眼的相對次數；(c) 在多次的 chuck-a-luck 遊戲中，至少贏得 $\$1$ 的相對次數；(d)在多次的汽車－山羊遊戲中，若改變選擇贏得汽車的相對次數。

6. 根據強性大數法則，只要 n 夠大，那麼以下關係式成立：

$$P\ (S_n/n-0.01>-0.001)\ >0.99,$$

其中 S_n 為 n 局遊戲後的總獲利。利用一些代數技巧可知問題中的事件等於 $S_n>(0.01-0.001)\ n=0.009n$；也就是說，總獲利最終超過 $\$0.009n$ 的機率大於 0.99，因此（b）永遠成立。另一方面，以類似的方法亦可證明只要 n 夠大，$S_n<(0.01+0.001)\ n$ 成立的機率大於 0.99（當 n 無限制增加時此機率趨

近於 1）。這意味著對所有夠大的 n 而言，(a)均不成立。

第九章

1. (a)、$e^{-5} \times 5^6 / 6!$。(b)、$1 - (1 - e^{-5})^{10}$。(c)、$(1 - e^{-5})^{10}$。
   (d)、$10 \times (1 - 37 / 2 e^{-5})(37 / 2 e^{-5})^9$。

2. $2.0.5 \times e^{-1}$。

3. $e^{-30/4}$。

4. $e^{-20} \times 20^{30} / 30!$。

5. (a)昆蟲產下 r 顆卵，其中剛好存活 k 顆卵的機率為：

   P（產下 r 顆卵）×P（存活 k 顆卵│產下 r 顆卵），

   其中第二項機率屬於二項式模式，因此可得：

   $$e^{-5} 5^r / r! \times C_{r,k} \times p^k q^{r-k}$$

   將所有可能 r 值，如 $r = k$、$k+1$、$\cdots$，代入上述公式，加總每一項後便可算出答案。

   (b)我們必須根據題目資訊計算事件 $A =$ 最多產下 3 顆卵，的機率。

   $$P(A) = e^{-5} + 5 e^{-5} + (25 / 2) e^{-5} + (125 / 6) e^{-5} = Q。$$

   我們想知道的機率為：

   $$\frac{1}{Q} (5 e^{-5} p + 25 e^{-5} pq + (125 / 2) e^{-5} pq^2)。$$

第十章

1. 我們估計你輸掉 $ 1 的機率 q 為 0.51，贏得 $ 1 的 p 為 0.49（見第六章）。利用公式 10.6 算出你最終傾家蕩產的機率為

    $$\frac{(1.04)^3 - (1.04)^6}{1 - (1.04)^6} \approx 0.54 \, 。$$

    既然賭局對你不利，儘可能減少傾家蕩產之機率的最佳策略，就是押注於最高的金額，$ 3。計算證明可將傾家蕩產機率減少至大約 0.5。

2. 此處 $q = 20 / 38$，$p = 18 / 38$，利用公式可得：

    $$\frac{(10/9)^3 - (10/9)^6}{1 - (10/9)^6} \approx 0.58 \, 。$$

3. 此乃公平遊戲，因此使用公式 10.8，賭注為 $ 1 時傾家蕩產的機率為 $1 - i / 2i = 1 / 2$。如果可以放手一搏改變下注金額，也就是每一局下注 $ i，公式變成了 $1 - 1 / 2 = 1 / 2$，所以輸光光的機率不變。若 p 變成 0.499，遊戲對賭徒不利，現在的最佳策略就是大膽地下注 $ i。若 p 變成 0.501，那麼遊戲對賭徒有利，最佳策略就是小心謹慎的玩：下注於最小的金額。

4. 金潔在第一場賭局後就輸光光的機率為 4 / 5。她也可能先贏、輸、再輸，在第三場賭局輸光光，機率為（4 / 5）（4 / 25）。她也可能在 5 跟 10 的賭資間波動，最後在第五局輸光光，機

率為（4／5）（4／25）^{2}。一般模式便是金潔在輸光光以前，可能在 5 跟 10 的賭資間波動。這些排在輸光光之前的波動代表著相鄰的事件，所以輸光光的機率便是以下無窮級數的加總：

$$4／5+（4／5）（4／25）+（4／5）（4／25）^2+（4／5）（4／25）^3+\cdots。$$

此乃比率為 4/25、首項為 4/5 的幾何級數。因此加總為 20/21。使用公式 10.6 可得

$$（4-4^3）／（1-4^3）=60／63=20／21，$$

公式中使用的指數 1 與 3 乃是因為賭注金額為 $5。

5. 若 $s=1$ 就屬於典型遊戲。若 $s>1$，那麼在單一賭局中，贏的錢大於輸的錢，直覺上贏得賭局應該是較簡單的。這會增加賭徒贏錢的機率、降低傾家蕩產的機率。為了讓這個直覺更具說服力，注意在典型遊戲中，任何讓賭徒贏錢的賭局序列都對應至讓賭徒在修正遊戲中贏錢的賭局序列。第二個序列是第一個序列的前段部分，這是因為每當我們贏得一場賭局後，就往右邊移動多些單位，使得遊戲可以早點結束。既然獲勝所需的步數變少了，需要互乘的機率也變少了，在修正遊戲中賭局序列的機率也較高。將對應至這些序列的機率相加，可得出在典型遊戲中贏錢的總機率，應該不會大於修正遊戲中贏錢的總機率。因此在修正遊戲中傾家蕩產的機率不會比典型遊戲中的機率高。

第十一章

1. 若菲力貓與愛麗絲要搭上同一班車,他們必須在六點的巴士駛
    離後的四個十五分鐘區間內的同一個抵達公車站牌。兩人在某
    一個 15 分鐘的區間內抵達公車站牌的機率為 1／4;兩人在同
    一個區間內抵達的機率為 1／16。因此答案為 4／16＝1／4。

2. 令筷子長度為單位長度,由左邊的點 A 至右邊的點 B。根據基
    礎代數,若折點距點 A 的距離小於筷子長度的 1／3,或者折
    點距點 B 的距離小於筷子長度的 1／3,那麼較長一段會是較
    短一段長度的兩倍以上。機率為 2／3。

3. Q 為圓內任一點,自圓心 O 點畫直線 OQ,再劃一條在 Q 點與
    直線 OQ 垂直的直線,此直線便是以 Q 點為中心的弦。將在
    圓內(假設半徑為 1)選擇 Q 點與建立弦的過程視為均等分配。
    根據基礎的幾何學可知,若 Q 位在半徑上且距圓心 O 的距離
    少於 1／2 單位,那麼弦的長度將大於等邊三角形的邊長。所
    以若在半徑為 1／2、圓心為 O 點的圓上選擇 Q 點,那麼弦至
    少會和等邊三角形的邊長一樣長,但在此圓以外弦便不具有此
    特質。因此機率就等於兩圓的面積:1／4。

4. 解題前最好先繪圖。模擬三角形的第一個解法,在半徑上隨機
    選擇點 Q,繪一條與半徑垂直、通過 Q 點的弦。若且唯若 Q
    位於正方形以內,弦的長度才會大於正方形的邊長。假設圓的
    半徑為 1,若 Q 和圓心的距離在 $\sqrt{2}/2 \approx 0.71$ 以內,那麼 Q 就
    在正方形以內,也就是我們想求出的機率。模擬三角形的第二

種解法，在正方形的一點 V 繪出圓的切線，思考所有以 V 做為一點的弦。此種弦和切線相交的角度介於 $0°$到 $180°$之間。若弦位於正方形以內，那麼弦的長度才會大於正方形的邊長，意味著該弦只能落在 $90°$的範圍內。機率為 $1/2$。

5. 是的。常態性的主張乃是關於數字小數點部分的行為。將常態數字乘以 10 的 n 次方，只是將小數點向右移。此數字的小數點部分只比 w 稍少了一些有限部分，因此必定為常態。令一方面，若 w 非常態，乘以 10 的 n 次方後，在檢去一些有限部分，產生的數字亦非常態。

6. （a）0，（b）0.16，（c）0.19。

第十二章

1. 事件 $130<2X<136$ 等於事件 $65<X<68$。將 X 減去平均數後除以標準差，可得 $-1<(X-67)/2<0.5$，也就是 $-1<Z<0.5$，Z 為標準常態變數。

2. S_n 的標準化為：

$$\frac{S_n - n/2}{(1/2)\sqrt{n}}$$

若 n 夠大，上述標準化過程可以利用中央極限定理的標準常態求出。因此令

$$\frac{S_n - n/2}{(1/2)\sqrt{n}} \approx Z,$$

可以寫成

$$R_n = \frac{S_n}{\sqrt{n}} \approx \frac{Z}{2} + \frac{\sqrt{n}}{2}.$$

因此只要 n 夠大，那麼事件 $R_n < x$ 的機率近似於 $Z < 2x - \sqrt{n}$ 的機率。既然當 n 增加時，此不等式的右方趨近於某一個固定負數，因此可說當 n 夠大時，此事件的機率趨近於 0。

3. S_n 是獨立變數 X_i 的加總，第 i 場賭局為 1 或 -1 的機率分別為 p 與 q。X_i 的期望值為 $p-q$、變異數為 $1-(p-q)^2$，S_n 的期望值為 $n(p-q)$、變異數為 $n(1-(p-q)^2)$。因此只要 n 夠大，

$$\frac{S_n - n(p-q)}{\sqrt{n}\sqrt{1-(p-q)^2}}$$

近似於標準常態分配。

4. 我們當然可以找出很大的 x，$x > 0$，使得標準常態變數 Z 滿足 $P(Z < x) > 1 - \varepsilon$。若加上述 Z 的近似值代入，再加上一點代數，可得

$$P(S_n < n(p-q) + \sqrt{n} \times K) > 1 - \varepsilon,$$

其中 K 為 $\sqrt{1-(p-q)^2} \cdot x$ 所決定的常數。

5. 既然賭局對賭徒不利，$p-q<0$。根據提示，這意味著當 n 增加時，S_n 越來越小的機率至少為 $1-\varepsilon$。

6. 隨機變數 U 亦為標準常態。我們可以由以下的不等式看出這一點：P（$U<x$）＝P（$-Z<x$）＝P（$Z>-x$）＝P（$Z<x$）。首先，若 x 為正，那麼根據對稱性，最後一項等式顯然成立。既然 U 與 Z 擁有相同的累積分配方程式（所以對於形式為 {w：w$<x$} 的區間，機率分配相同），那麼 U 與 Z 的分配應相同（所有區間的分配均相同）。

第十三章

1. 隨機將門診病患編入某一組的方法，包括了為每一個上醫院的病患隨機排定掛號號碼。若該號碼為奇數，病人編入接受新藥的實驗組；若為偶數則編入使用舊藥的對照組。此方法的缺點是，兩組的病人數目可能差異甚大。為確保每一組均包含二十名病患，我們可以將 40 名目標病患編上 00 到 39 的號碼。利用亂數表決定隨機數字，事先便決定選出的前二十個數字編入接受新藥的實驗組，其餘的編入對照組。在亂數表中，我們只選擇介於 00 到 39 之間的兩位數字。選滿 20 個數字後即停止；分配到這些編號的病人編入實驗組。

2. 選擇隨機數字元；若為偶數選擇 0，若為奇數選擇 1。另一個方法：選擇隨機數字元，若介於 0 到 4 之間，選擇 0，否則選擇 1。上述方法選擇數字元 0 或 1 的機率均為 1／2。若要使數

字元 0、1 與 2，被選上之機率各為 1／3，方法之一是選擇介
於 0 至 8 的隨機數字元（忽略 9）。若為 0、1 或 2，選擇 0；
若為 3、4 或 5，選擇 1；否則選擇 2。

3. 隨機數字是透過機率機制產生的數字，所以其定義即隱含了機
率在內。人為亂數是人工決定的，並未使用隨機機制，但其建
構的過程力求人為亂數之統計特質和隨機數字相類似。

4. 1,000 次大約有 10 次。

5. 此平面的總面積為 9 平方單位。蒙第卡羅原則假設點落在 R
的相對次數近似於 R 的面積與總面積之比例。因此產生 R 之
面積為（0.35）×（9）＝3.15 的估計值。

第十四章

（對於本章的問題，我們只簡述其概念，並未列出完整的演算。
研究了第十四章中的許多例題以後，你應該可以將這些描述寫成
適當的模擬演算。）

1. （a）輸入你押注的數字。拋擲一顆骰子三次。計算出現押注
數字的次數。將此金額付給賭徒。（b）重複此遊戲多次。計
算賭徒在遊戲中贏得 $2 的次數。將此數字除以 n—遊戲重複
的總次數—就可以求出賭徒贏得 $2 的相對次數。亦即所欲機
率的估計值。

2. 以數字 1、2、3 分別代表汽車、山羊、山羊。隨機選擇一數字
X（玩家最初的選擇）。若 $X＝1$，那麼改變選擇就會失去汽車，

堅持初衷才能贏得汽車。若 $X=2$ 或 3，那麼改變選擇才能贏得汽車，不改就只能抱著山羊回家。為了估計改變選擇後贏得汽車的機率，重複遊戲 n 次，且 n 夠大，使用計數器計算改變選擇後贏得汽車的次數。將計數字的數字除以 n，就可以求出改變選擇後贏得汽車的相對次數；亦即所欲機率的估計值。

3. 僅需修改步驟 9 與 11。在步驟 9，若將「$Y>-1$ 且 $Y<1$」換成「$Y>0.5$」，然後再修改步驟 11，估計 P（$Y>0.5$）。若將事件 $-0.3<Y<0.3$ 代入，調整步驟 11，再估計此事件的機率。在兩種情況中，我們可以利用標準常態分配表做比較，看看 Y 的分配和極限有多接近。

4. 為了模擬輪盤遊戲，首先找出 38 個隨機數字，令其為整數 1 到 38，代表輪盤的出象。例如，1 到 18 代表黑色數字，19 到 36 代表紅色數字，37 與 38 代表 0 與 00 值。現在從這 38 個數字隨機選擇一個做為輪盤遊戲的出象。為了估計押注於黑色數字而贏錢的機率，重複遊戲 n 次，且 n 夠大，計算 1 到 18 出現的次數（以上使用 1 到 18 的數字做為代表，你也可以使用其他的方法）。將算出的次數除以 n，就可以得到押注於黑色數字贏錢的相對次數。亦即所欲機率的估計值。

5. 我們想要挑選在平方單位上均等分布的點。在 0 到 1 的區間上，獨立且均等地選擇兩數值 X 與 Y。點 (X, Y) 便代表在平方單位內隨機選擇的點。若不等式 $X^3<Y$ 與 $Y<X^2$ 均成立，該點才算是位在兩曲線之間。以此方式隨機選擇 n 個點，且 n 夠大，利用計數器計算滿足兩不等式的點出現的相對次數。此相

對次數除以 n 就是在平方單位上隨機選擇的點位於兩曲線之
間的相對次數。此比例應近似於欲計算面積和平方單位面積之
比例。因此可以利用落在此區域之點的相對次數導出欲計算面
積的估計值。

6. 選擇 100 個數字代表這 100 枚硬幣；最簡單的方法就是令 01
   到 99 的數字代表編號 1 到編號 99 的硬幣，令 00 代表編號 100
   的硬幣。若 X 是隨機選出的數字，若 $X=k$，再從 1 到 k 的數
   字中隨機選出一個（若 $k=00$，此時需要自行做調整）。令 1
   代表正面，其餘 $(k-1)$ 個數字代表反面。若 k 為偶數，同時
   選擇了 1，那麼計數器 G（最初需歸零）增加 1。若 k 為奇數，
   若 1 未出現那麼 G 增加 1。重複賭局 n 次，且 n 夠大。G 將計
   算傑克贏得 \$ 1 的次數。將 G 的值除以 n 可能相對次數。這就
   是傑克在每場賭局中贏 \$ 1 的機率估計。

第十五章

1. 令 h 為 100 次試驗中成功的次數。檢定乃是基於以下的不等式：

   $$(0.33)^h (0.67)^{100-h} < (0.67)^h (0.33)^{100-h}。$$

   最大概似法原則告訴我們只要此不等式成立，選擇
   $p=2/3\approx0.67$，若符號相反則選擇 $p=1/3$。計算後顯示當 $h>50$
   時，上述不等式成立。

2. 令 n 為夠大的試驗次數，令 h 為成功總次數。計算在 N 個可

能機率下，h 的次數為何。p 是這 N 個可能機率中可產生最大數值的機率（如果不只一個最大值，在產生此數值的所有可能機率之中隨機選擇一個，或是重複實驗直到產生獨一無二的最大值。）。

3. 若 H_0 成立，那麼隨機變數

$$\frac{S_n/n - 1/6}{\sqrt{(1/6)\cdot(5/6)\cdot(1/n)}}$$

近似於標準常態。將數字代入（S_n 等於 900，n 等於 6,000），答案約為 -3.5。標準常態變數 Z 為該數值的機率低於 0.002，機率相當小，因此我們可以拒絕 H_0，結論是骰子並不公平。

4. 我們得到的信賴區間為 $0.46 \pm 1.96 \sqrt{(0.46)(0.54)/1000} \approx 0.46 \pm 0.03$。如果 Groucho 需要一半以上的選票才能獲勝，那麼這個結論實在不算個好消息。既然我們計算出來的區間，包含投票給 Groucho 之選民佔總投票人口之比例的機率為 95%，此處計算出來的區間為（0.43，0.49），不包含最小獲勝值 0.50，所以 Groucho 的支持者可能要擔心了。如果打算投票給 Groucho 的人數有 480 人而非 460 人，計算出來的區間變成了（0.45，0.51），因為此區間涵蓋了最小獲勝值 0.50，對 Groucho 而言是個較令人振奮的好消息。當然，參數的實際數值還是可能小於 0.50。

5. 此處的假設和第 15.4 節相同。在做記號的動作後，有記號的魚和被撈起的總魚數之比例為 250 / 400。我們假設整個湖中

　　有記號與無記號的魚之比例相同。因此，$800 / x = 250 / 400$，
其中 x 代表湖中總魚數。因此估計湖中有 1,280 尾魚。

6.　我們使用題中數字出現的相對次數作為機率的估計值。

　　（a）0.19，（b）0.25，（c）0.12，（d）0.06，（e）0.64。

第十六章

1.　$p = 18 / 38$，$q = 20 / 38$，所以機率為 $(9 / 10)^{10}$。

2.　在第四步必須回到原點。所以如果 a 與 b 分別代表向右與向左
的移動步數，那麼 $a = b$ 且 $a + b = 4$。這意味著兩步向右，兩
步向左。總共有六種可能的路徑，所以（a）的答案為 $6p^2q^2$。
（b）的答案則須利用 $a = b$ 且 $a + b = n$ 的關係式，若從原點開
始漫步、在第 n 步回到原點，此關係式必須成立。因此 $2a = n$，
因此 n 必須為偶數。

3.　假設有一組路徑 S（機率為正），自 a 點移動後就不再回到 0
點。思考自 0 至 a 最短的一條路徑 T，此路徑的機率為正。我
們假設此種路徑存在。將 T 與 S 相連，可以產生一條自 0 點
移動後，就不再回到 0 點的路徑。因為

$$P\ (X_n\ \text{不再回到 0 點} \mid X_0 = 0)$$

$$\geq P\ (T \mid X_0 = 0) \times P\ (S \mid X_n = a) > 0$$

所以此組路徑機率為正，也就是鏈從此遠離 0 點的機率，與鏈
最終回歸 0 點的機率為 1 知假設相牴觸。

4. 假設靜態分配存在，令 i 為可使 $v(i)$ 極大化的狀態。關係式 $(v(i-1))p+(v(i+1))q=v(i)$ 必成立。此關係式 的左手邊是兩數值的平均，除非這兩個數值和平均值都相等， 否則平均值必定小於兩數值中的一個。既然 $v(i-1)$ 和 $v(i+1)$ 都不比 $v(i)$ 大，這三個數值必定相等。所以 $v(i)$ 的 鄰居們都是最大值。繼續此推論，可以知道所有的狀態都有最 大值，不過因為我們知道有無限多個狀態，同時 v 值的加總必 須等於 1，所以這是不可能的。

5. 對於任何大於 0 的狀態 i，可知 $(v(i-1))\times 0.5=v(i)$。 同時

$$(v(0)+v(1)+v(2)+\cdots)\times 0.5=v(0)。$$

此外，所有 v 值的加總等於 1，所以上述關係式也證明了 $v(0)=0.5$；因此由第一項關係式可知對於所有的 i， $v(i)=2^{-i-1}$，代表該鏈符合靜態分配。

第十七章

1. 此事件可以寫成

$$X_{10}>0，X_{21}-X_{10}<0，X_{25}-X_{21}>0$$

定義此事件的三種條件互相獨立，且變數 X_{10}，$X_{21}-X_{10}$ 與 $X_{25}-X_{21}$ 均為期望值為 0 的常態分配。所以這些變數大於 0 的

機率均為 $1/2$，事件機率為 $1/8$。

2. 答案為 $P (X_{0.75}-X_{0.40}>1)$ $P (X_{0.25}<-2)$，

3. 其中 $X_{0.75}-X_{0.40}$ 是平均數為 0、變異數為 0.35 的常態分配，而 $X_{0.25}$ 是平均數為 0、變異數為 0.25 的常態分配。因為變數互相獨立，所以答案可以寫成乘積。

4. 既然典型的布朗路徑是不規則的，不斷地變換方向，直覺告訴我們答案是否定的。令 a 與 b 為 I 的左右兩端。既然路徑在該區間內是固定的，那麼 $X_a=X_b$，或者 $X_b-X_a=0$。但是 X_b-X_a 為常態，所以其值為任一固定數值的機率為 0。所以此路徑在區間 I 以內維持固定的機率為 0。

此機率可以寫成

$$P (-2<X_8-X_4<-1 \mid X_4=2 , -10<X_2<10) 。$$

變數 X_8-X_4 和條件事件獨立，因此答案為 $P (-2<X_8-X_4<-1)$，其中 X_8-X_4 為平均數為 0、變異數為 4 的常態分配。

5. 假設 $K=1$，將 X_T 標準化以產生標準常態變數 $X_T/\sqrt{T}=Z$。因此事件 $X_T<a$ 就等於事件 $Z<a/\sqrt{T}$。若 T 夠大，$a/\sqrt{T}$ 趨近於 0，所以

$$P (Z<a/\sqrt{T}) \approx P (Z<0) =1/2 。$$

當 T 越來越大時，機率將會越來越趨近於 $1/2$。

6. 變數 X_T 的平均數為 0，因此 $P (X_T<0) =1/2$。在上一題，我們看到當 T 夠大時，$P (X_T<a) \approx 1/2$。既然

$$P\ (0 \leq X_T < a) =\ \ P\ (X_T < a) - P\ (X_T < 0) \qquad ,$$

我們發現當 T 增加時，此關係式的左手方趨近於 0。現在使用提示。

參考書目

[1] Bass, Thomas A., *The Eudaemonic Pie*, Houghton-Mifflin, Boston, 1985.

[2] Browne, Malcolm, "Coin-Tossing Computers Found to Show Subtle Bias," *New York Times*, Jan. 12, 1993.

[3] Chung, K.L., *Elementary Probability Theory with Stochastic Processes*, Springer-Verlag, New York, 1979. (A rather difficult introductory text.)

[4] Davis, Morton D., *Game Theory: A Nontechnical Introduction*, Basic Books, New York, 1970.

[5] Davis, Morton D., *Mathematically Speaking*, Harcourt Brace Jovanovich, New York, 1980.

[6] Davis, Morton D., *The Art of Decision Making*, Springer-Verlag, New York, 1986.

[7] Dowd, Maureen, "People Are Ready For Sacrifices, Poll Finds, and Expect Fairness," *New York Times*, Feb. 16, 1993.

[8] Feller, William, *An Introduction to Probability Theory and Its Applications*, Wiley, New York, 1960. (This is a classic first text, but assumes a mathematically oriented reader.)

[9] Fienberg, Stephen E., "Randomization and Social Affairs: The 1970 Draft Lottery," *Science*, Vol. 171, 1971, pp. 255-261.

[10] Fienberg, Stephen E. (editor), *The Evolving Role of Statistical Assessments as Evidence in the Courts*, Springer-Verlag, New York, 1989.

[11] Freedman, D., Pisani, R., and Purves, R., *Statistics*, Norton, New York, 1978. (A very elementary text in statistics.)

[12] Freund, John E., *Introduction to Probability*, Dover, New York, 1993. (An elementary introduction.)

[13] Gillman, Leonard, "The Car and the Goats," *American Mathematical Monthly*, Vol. 99, 1992, pp. 3-7.

[14] Goldberg, Samuel, *Probability: An Introduction*, Dover, New York, 1960.

[15] Hamming, Richard W., *The Art of Probability for Scientists and Engineers*, Addison-Wesley, Reading, Mass., 1991.

[16] Hodges, Jr., J.L., and Lehmann, E.L., *Elements of Finite Probability*, Holden-Day, San Francisco, 1965.

[17] Hodges Jr., J.L. and Lehmann, E.L., *Basic Concepts of Probability and Statistics*, Holden-Day, San Francisco, 1966.

[18] Iosifescu, Marius, *Finite Markov Processes and Their Applications*, Wiley, New York, 1980.

[19] Isaac, Richard, "Cars, Goats, and Sample Spaces: A Unified Approach," *Mathematics in College* (City University of New York), Fall-Winter 1993.

[20] Kac, Mark, "Random Walk and The Theory of Brownian Motion," *American Mathematical Monthly*, Vol. 54, 1947, pp. 369-391.

[21] Kac, Mark, *Statistical Independence in Probability, Analysis and Number Theory*, Mathematical Association of America; distributed by Wiley, 1959. (An interesting little book for the mathematically sophisticated; need calculus and concentration.)

[22] Keynes, J.M., *A Treatise on Probability*, Macmillan, London, 1921. (A classic.)

[23] Laplace, Pierre Simon, Marquis de, *A Philosophical Essay On Probabilities*, Dover, New York, 1951.

[24] von Mises, Richard, *Probability, Statistics, and Truth*, Allen and Unwin, London, 1957. (A book on the foundations of probability from the frequentist viewpoint.)

[25] Mosteller, Frederick, *Fifty Challenging Problems in Probability with Solutions*, Dover, New York, 1965. (Statements and brief solutions of famous probability problems, some of which also appear in this book.)

[26] Niven, Ivan, *Irrational Numbers*, Mathematical Association of America; distributed by Wiley, 1956. (Contains a discussion of normal numbers; for the mathematically oriented.)

[27] Rand Corporation, *A Million Random Digits with 100,000 Normal Deviates*, The Free Press, New York, 1955.

[28] Ross, Sheldon, *A First Course in Probability*, Macmillan, New York, 1988. (Good, basic modern introductory text for those with a strong mathematical background.)

[29] Savage, Leonard J., *The Foundations of Statistics*, Wiley, New York, 1954. (From a subjectivist's perspective; for the mathematically sophisticated.)

[30] Scarne, John, *Scarne's Guide to Casino Gambling*, Simon and Schuster, New York, 1978. (Rules of casino games interlaced with anecdotes and advice.)

[31] Sullivan, Joseph F., "Paternity Test at Issue in New Jersey Sex-Assault Case," *New York Times*, Nov. 28, 1990.

[32] Tierney, John, "Behind Monty Hall's Doors: Puzzle, Debate, and Answer?," *New York Times*, July 21, 1991.

[33] Thorp, Edward, *Beat the Dealer*, Random House, New York, 1962.

[34] Weatherford, R., *Philosophical Foundations of Probability Theory*, Routledge & Kegan Paul, London, 1982.

[35] Weaver, Warren, *Lady Luck*, Anchor Books-Doubleday & Co., Garden City, N.Y., 1963 (A popular classic; easier than this book. Reprinted by Dover, New York.)

機率的樂趣 (The Pleasures of Probability)

原　　著 / Richard Lsaac
譯　　者 / 陳尚婷、陳尚瑜
校　　閱 / 張日輝
編　　輯 / 張慧茵
出 版 者 / 弘智文化事業有限公司
發 行 人 / 馬琦涵
登 記 證 / 局版台業字第 6263 號
總 經 銷 / 揚智文化事業股份有限公司
地　　址 / 台北縣深坑鄉北深路三段 260 號 8 樓
電　　話 /（02）8662-6826．8662-6810
傳　　真 /（02）2664-7633
E-mail / service@ycrc.com.tw
製　　版 / 信利印製有限公司
ISBN / 957-0453-74-5
版　　次 / 2009 年 02 月初版二刷
定　　價 / 300 元
弘智文化出版品進一步資訊歡迎至網站瀏覽：
http:// www.ycrc.com.tw

國家圖書館出版品預行編目資料

機率的樂趣 / Richard Isaac 著 ; 陳尙婷, 陳尙瑜譯.
-- 初版. -- 臺北市 : 弘智文化, 2002[民 91]
面 ; 公分   參考書目:面
譯自 : The pleasures of probability
    ISBN 957-0453-74-5(平裝)

  1. 機率 - 通俗作品

319.1   91019467